基礎からの微分積分

博士(理学) 桑野 泰宏 著

コロナ社

まえがき

　本書は，微分積分学の入門書である．著者は医療系の総合大学で長年微分積分学を講義してきたが，本書はその内容をまとめたものである．医療系の学科には，高等学校で十分に数学を学ばないまま入学してくる学生も少なくない．それらの学科に一旦入学すれば，理工系の学生ほどではないが，最低限の数学の履修が必要となる．本書はそうした大学1年生向けの微分積分学の教科書である．

　教育をめぐる環境も変わりつつある．2015年度から，高等学校の新学習指導要領で学んだ学生が大学に入学してくる．彼らは中学までいわゆるゆとりカリキュラムで学び，高校から学習内容が膨らんだ新学習指導要領で育った年代である．さらに大学でも，教育の質向上を目指した改革が全国のいたるところで行われている．著者の勤める大学でも，2014年度からカリキュラムの大改革が行われる．高等学校の学習指導要領が変わり，大学の教育課程が改革されれば，その変化に適応した新しい教科書が必要である．本書がそのような教科書の一つになるなら，著者の喜びはこれにまさることはない．

　以下簡単に本書の内容を概説する．第1章は，一部を除き高等学校の復習である．第2章と第3章は，それぞれ微分法と積分法の基本的な計算法について解説した．第4章は，第2章と第3章では触れなかった微分積分法の理論的に重要な部分を解説し，合わせて微分積分法の応用について述べた．第5章は，2変数関数の微分積分法についての基本的なことを解説した．

　本書は，週1回通年の講義の教科書としてならちょうどよい分量であろう．ただし，これを週1回半期の講義の教科書として用いるなら，扱う事項・題材を教員の裁量で取捨選択することが望ましい．モデル・コースとしては，第1章から第3章までを学ぶ「基礎しっかりコース」，第3章までの一部を省略・簡略化して第4章まで学ぶ「1変数微積分コース」，さらに第4章までの一部を省略・簡略化して第5章まで学ぶ「2変数微積分コース」などが考えられる．

　数学を学ぶには，基本的な問題を解いて理解を深めることが重要である．そこで本書では，本来定理や命題とすべき内容を，数多く例題として取り上げた．

これは，例題を通して学生に微分積分学の計算法を身につけ，その背後にある基本的な原理，概念を修得して欲しいと考えたからである。そして例題の後には類題を練習として配置し，習熟度を深められるようにした。章末にはまとめの問題を章末問題として配置し，より深い理解が得られるようにした。練習と章末問題は，巻末に詳しい解答例を付けたので，必ず紙と鉛筆（ペン）を用意し手を動かして解いていただきたい。例題・練習・章末問題の解答例を通じて，答案の書き方，ひいては論理的な文章の書き方を会得して欲しい。

本文中のグラフ・図の一部の作図には，Mathematica®7 を用いた。本書の執筆を勧めていただき，編集作業を通じ貴重な御意見を下さったコロナ社の方々に感謝いたします。

2014 年 1 月

桑野泰宏

本書の使い方

- 以下の項目をひとまとめにして，各章の中で通し番号を付している。
  - **定理・命題・補題・系**とは，定義等から論理的に証明された事柄をいう。これらの中で非常に重要なものを定理，重要なものを命題，命題等を証明するのに必要な補助命題を補題，命題等から容易に導かれるものを系としたが，その区別は厳密なものではない。
- 以下の各項目および重要な式には，それぞれ各章の中で通し番号を付してある。
  - **定義**とは，言葉の意味や用法について定めたものである。
  - **注意**とは，定義や定理・命題等に関する注意である。
  - **例**とは，定義や定理・命題等の理解を助けるための実例である。
  - 本文中の説明をわかりやすくするための図や，関数のグラフ等を**図**として表示した。
  - **例題**では，基本的な問題の解き方を丁寧に説明した。
  - **練習**は，（一部の例外を除き）例題の類題である。
- 各章の章末には，まとめの問題を**章末問題**として配置した。
- 探したい項目や式を見つけるには，それぞれの通し番号を参考にするとともに，目次や索引を活用して欲しい。

目　　次

1. 準　　備

1.1　いくつかの証明法 ･･ *1*
　　1.1.1　数学的帰納法の原理 ････････････････････････････････････ *1*
　　1.1.2　背　理　法 ･･ *4*
1.2　三角関数とその性質 ･･ *8*
1.3　逆三角関数とその性質 ･･･････････････････････････････････････ *15*
1.4　指数関数と対数関数 ･･ *17*
章　末　問　題 ･･ *21*
〈コーヒーブレイク〉･･ *22*

2. 微　分　法

2.1　数　列　の　極　限 ･･ *23*
2.2　関　数　の　極　限 ･･ *29*
2.3　一変数関数の微分法 ･･ *35*
2.4　初等関数の導関数 1 ･･･ *38*
　　2.4.1　三角関数の導関数 ･････････････････････････････････････ *38*
　　2.4.2　指数・対数関数の導関数 ･････････････････････････････ *39*
2.5　微分法の諸公式 ･･･ *42*
2.6　初等関数の導関数 2 ･･･ *47*
　　2.6.1　三角関数の導関数 ･････････････････････････････････････ *47*

2.6.2　逆三角関数の導関数 ……………………………… 48
　　2.6.3　底が一般の場合の指数関数と対数関数 ………… 49
　　2.6.4　対　数　微　分　法 ……………………………… 49
章　末　問　題 ………………………………………………… 51
〈コーヒーブレイク〉 ………………………………………… 52

3. 積　　分　　法

3.1　アルキメデスに学ぶ——区分求積法 ………………… 53
3.2　リーマン積分の導入 …………………………………… 57
3.3　微分積分学の基本定理 ………………………………… 61
3.4　積分変換公式と部分積分公式 ………………………… 65
3.5　不定積分の計算 ………………………………………… 69
　　3.5.1　有　理　関　数 ……………………………… 69
　　3.5.2　三角関数の有理式 …………………………… 74
　　3.5.3　二次無理関数 ………………………………… 76
章　末　問　題 ………………………………………………… 79
〈コーヒーブレイク〉 ………………………………………… 80

4. 微分積分法の応用

4.1　平均値の定理 …………………………………………… 81
4.2　不定形の極限への応用 ………………………………… 86
4.3　テイラー展開 …………………………………………… 90
4.4　広　義　積　分 ………………………………………… 98
4.5　微　分　方　程　式 …………………………………… 102
章　末　問　題 ………………………………………………… 107

〈コーヒーブレイク〉……………………………………………………… 108

5. 2変数関数の微分積分

5.1 2変数の微分法 ……………………………………………… 109
5.2 高階偏導関数とテイラー展開 ………………………………… 114
5.3 2変数関数の極大・極小 ……………………………………… 118
5.4 陰関数の定理 …………………………………………………… 121
5.5 条件付き極値 …………………………………………………… 125
5.6 2 重 積 分 ……………………………………………………… 127
5.7 変数変換公式 …………………………………………………… 132
章 末 問 題 …………………………………………………………… 135
〈コーヒーブレイク〉……………………………………………………… 136

引用・参考文献 ……………………………………………………… 137
練習問題解答 ………………………………………………………… 138
章末問題解答 ………………………………………………………… 165
索　　　引 …………………………………………………………… 181

本書で用いる記号

本書では以下の記号を用いる。

(1) 自然数全体の集合を $\mathbb{N}$, 整数全体の集合を $\mathbb{Z}$, 有理数全体の集合を $\mathbb{Q}$, 実数全体の集合を $\mathbb{R}$, 複素数全体の集合を $\mathbb{C}$ で表す。なお, 本書では自然数を正の整数の意味で用いる。

(2) a が集合 A の構成要素であるとき, a が集合 A の**元**（**要素**）であるといい, $a \in A$ または $A \ni a$ と記す。a が集合 A の元ではないとき, $a \notin A$ または $A \not\ni a$ と記す。

(3) $P(x)$ を x に関する命題であるとき, $\{x|P(x)\}$ で, 条件 P をみたす x 全体の集合を表す。また, 集合 A の元が $a, b, c, d, \cdots$ のように列挙できる場合, $A = \{a, b, c, d, \cdots\}$ のように書くことがある。

(4) 集合 A, B に対し, $A \backslash B$ で A と B の差集合を表す。
$$A \backslash B = \{x | x \in A \text{ かつ } x \notin B\}$$
例えば $\mathbb{R} \backslash \{0\}$ は 0 以外の実数の集合を表す。

(5) A, B を集合とし, $x \in A$ ならつねに $x \in B$ が成り立つとき, A は B の部分集合であるといい, $A \subset B$ と記す。$A \subset B$ かつ $B \subset A$ が成り立つとき, $A = B$ が成り立つ。

(6) A, B を集合とし, f をすべての A の元 a から B の元 b をただ一通りに対応させる対応規則とするとき, f を**写像**といい
$$f : A \longrightarrow B$$
$$f : a \longmapsto b$$
のように書く。

(7) A, B が数の集合であるとき, 写像 $f : A \longrightarrow B$ を A から B への**関数**という。特に $A, B \subset \mathbb{R}$ のとき, f を（実）1変数関数という。

1 準備

この章では，いくつかの基本的な論証方法や初等関数のさまざまな性質について述べる．この章の内容の一部は高等学校の数学 I・数学 II・数学 A・数学 B で学習したはずの内容である．既習事項の単なる復習ではなく，大学初年級の微分積分を学ぶための基礎となるよう，題材を工夫したつもりである．

1.1 いくつかの証明法

この節では，(数学的) **帰納法**と**背理法**という，後でしばしば用いる証明法について解説する．これらの二つの証明法は，一見あたり前の事実を証明する際の，数学における常套手段である．

1.1.1 数学的帰納法の原理

自然数とは，ものを数えるときに自然に登場する数であり，その際なにをやっているかをよく突き詰めてみれば結局のところ

$$1,\ 2 = 1+1,\ 3 = 2+1,\ 4 = 3+1,\ 5 = 4+1,\ \cdots \tag{1.1}$$

のように，1 から始めて，1 を順次加えることにほかならない．この「1 を順次加えて」ということを集合論的な手続きで言い換えると次のようになる．

定義 1.1 (継承的集合) 無限個の元を持つ集合 H が次の (1), (2) をみたすとき，H は継承的であるという．

(1) $1 \in H$
(2) $x \in H \Longrightarrow x+1 \in H$

このようにして定義された継承的集合は存在する。例えば $\mathbb{N}, \mathbb{Z}, \mathbb{Q}, \mathbb{R}$ などは継承的である。このような継承的集合全体の集合を Γ とする。自然数の集合 $\mathbb{N}$ は最小の継承的集合である。この事実を言い換えたものが，数学的帰納法の原理と呼ばれるものである。

定理 1.1 （数学的帰納法の原理） $\mathbb{N}$ の部分集合 H が継承的ならば，$H = \mathbb{N}$ である。

証明 H は $\mathbb{N}$ の部分集合 ($H \subset \mathbb{N}$) である一方，継承的だから $H \supset \mathbb{N}$ でもある。よって，$H = \mathbb{N}$ が従う[†1]。 □[†2]

系 1.2 （定理 1.1 の系） 自然数 n についての命題 $P(n)$ が次の (1), (2) をみたすとき，任意の自然数 n に対して $P(n)$ は真である。
(1) $P(1)$ は真。
(2) 任意の自然数 n に対して，「$P(n)$ が真なら $P(n+1)$ が真」が成り立つ。

証明 命題 $P(n)$ が真となる $n \in \mathbb{N}$ の集合を H とすれば，(1), (2) により，H は継承的である。よって，定理 1.1 により，$H = \mathbb{N}$ となる。すなわち，任意の自然数 n に対して $P(n)$ は真である。 □

このようにして自然数についての命題を証明する方法を数学的帰納法という。

注意 1.1 系 1.2 の (2) を，「『任意の自然数 n に対して $P(n)$ が真』なら，『任意の自然数 n に対して $P(n+1)$ が真』」と読んではいけない。これでは単に証明すべきことを仮定しただけで，証明したことにはならない。(2) は「『$P(n)$ が真なら $P(n+1)$

[†1] 目次のあとに示した「本書で用いる記号」(5) を参照のこと。
[†2] □ は証明終わりの記号である。

が真』が任意の自然数 n について成り立つ」という意味である。高等学校ではこの紛らわしさを回避するため，(2) を「$n=k$ のとき $P(n)$ が成り立つと仮定すると $n=k+1$ のときにも $P(n)$ が成り立つ」としている。

例題 1.1 （二項定理） 任意の実数 a,b と任意の自然数 n に対して
$$(a+b)^n = \sum_{r=0}^{n} {}_nC_r a^r b^{n-r} \tag{1.2}$$
が成り立つことを，数学的帰納法を用いて証明せよ。ここで ${}_nC_r$ は二項係数であり，階乗の記号 $n! = n(n-1)\cdots 2\cdot 1$, $0!=1$ を用いて
$$_nC_r = \frac{n!}{r!(n-r)!}$$
と表される。

証明

(1) $n=1$ のとき，式 (1.2) は $a+b=a+b$ となり，成り立つ。

(2) n のとき式 (1.2) が成り立つことを仮定する。また，二項係数についての関係式
$$_{n+1}C_r = {}_nC_r + {}_nC_{r-1} \tag{1.3}$$
を用いると
$$\begin{aligned}(a+b)^{n+1} &= (a+b)^n(a+b) \\ &= \sum_{r=0}^{n} {}_nC_r a^r b^{n-r}(a+b) \\ &= \sum_{r=0}^{n} {}_nC_r(a^{r+1}b^{n-r} + a^r b^{n-r+1}) \\ &= \sum_{r=1}^{n+1} {}_nC_{r-1} a^r b^{n-(r-1)} + \sum_{r=0}^{n} {}_nC_r a^r b^{n+1-r} \\ &= \sum_{r=0}^{n+1} {}_{n+1}C_r a^r b^{n+1-r}\end{aligned}$$
となって，$n+1$ の場合が導かれる。よって，すべての自然数に対して式 (1.2) が成り立つ。 □

練習 1.1 式 (1.3) が成り立つことを示せ。

1.1.2 背理法

背理法は代表的な間接証明法である。すなわち，命題 P を証明したいときに，P の否定を仮定すると矛盾が導かれることを示すのである。具体例を用いて説明しよう。

例題 1.2 $\sqrt{2}$ は有理数ではない[†1]，すなわち，p/q（ただし，$p, q \in \mathbb{Z}, q \neq 0$）という形では表せないことを示せ。

証明 $\sqrt{2}$ は 2 の正の平方根であり，$\sqrt{2} > 0$ である。もし $\sqrt{2}$ が有理数であると仮定すると，ある自然数 p, q を用いて

$$\sqrt{2} = \frac{p}{q} \tag{1.4}$$

と書ける。このとき分母分子の共通の約数があれば約分することにより，p, q はたがいに素[†2]，すなわち，p と q の最大公約数は 1 と仮定してよい。式 (1.4) の両辺を 2 乗して

$$2 = \frac{p^2}{q^2}, \text{すなわち } p^2 = 2q^2$$

p^2 は偶数だから，p も偶数である。そこで，$p = 2p'$ とおくと

$$(2p')^2 = 2q^2, \text{すなわち } q^2 = 2p'^2$$

よって，q^2 が偶数だから，q も偶数である。これで p も q も偶数となり，p と q がたがいに素という仮定に反する。これは，$\sqrt{2}$ を有理数と仮定したために起こった矛盾である。よって，$\sqrt{2}$ は有理数ではない。 □

練習 1.2 $\sqrt{3}$ が無理数であることを示せ。

例題 1.3（連分数表示） 実数 x に対し，ある整数 n が存在して，$n \leqq x < n+1$ をみたす。この n を $[x]$ と記し，x の整数部分という[†3]。$x = [x] + x_1$ と書くと，$0 \leqq x_1 < 1$ である。もし $x_1 > 0$ なら $1/x_1 = [1/x_1] + x_2$ とお

[†1] 有理数ではない実数を無理数という。
[†2] p と q がたがいに素のとき，p/q を既約分数という。
[†3] 日本では $[x]$ をしばしばガウス記号と呼ぶ。

くと，$0 \leqq x_2 < 1$ となり，さらに $x_2 > 0$ なら $1/x_2 = [1/x_2] + x_3$ とおくと，$0 \leqq x_3 < 1$ となる．この操作を繰り返すと

$$\begin{aligned}
x &= n + x_1 & (n = [x]) \\
&= n + \cfrac{1}{1/x_1} \\
&= n + \cfrac{1}{n_1 + x_2} & (n_1 = [1/x_1]) \\
&= n + \cfrac{1}{n_1 + \cfrac{1}{1/x_2}} \\
&= n + \cfrac{1}{n_1 + \cfrac{1}{n_2 + x_3}} & (n_2 = [1/x_2]) \\
&= n + \cfrac{1}{n_1 + \cfrac{1}{n_2 + \cfrac{1}{n_3 + \ddots}}} & (n_3 = [1/x_3], \cdots)
\end{aligned}$$

となる．これを実数 x の**連分数表示**という．途中で $1/x_k$ が整数となり，$x_{k+1} = 0$ となったら終了する．このとき，次の問に答えよ．

(1) 有理数 r の連分数表示は必ず有限回の操作で終了することを示せ．
(2) $\sqrt{2}$ の連分数表示を求めよ．

解答例

(1) r が有理数のとき，$r = m/p$ ($m \in \mathbb{Z}, p \in \mathbb{N}$) とおける．ここで $m = pn + q$ ($0 \leqq q \leqq p - 1$) とおくと，$q = 0$ なら，$r = n$ で展開終わりなので，$q \geqq 1$ とする．このとき

$$r = n + \frac{q}{p} = n + \frac{1}{p/q}$$

となるので，$r_1 = p/q$ について同じことを繰り返す．$p = qn_1 + q_1$ とおくと，$0 \leqq q_1 \leqq q - 1$ で，$q_1 = 0$ なら展開終わりである．$q_1 \geqq 1$ のときは $r_2 = q/q_1$ について同じことを繰り返す．このようにして現れる余り $q, q_1, q_2, \cdots$ に注目すると，その作り方から，$p > q > q_1 > q_2 > \cdots \geqq 0$ であるから，有限回の操作で必ず，$q_k = 0$ をみたすような k が存在する．よって題意は示された．

(2) $1 < \sqrt{2} < 2$ より, $\left[\sqrt{2}\right] = 1$ である。よって

$$\begin{aligned}\sqrt{2} &= 1 + (\sqrt{2} - 1) \\ &= 1 + \cfrac{1}{\sqrt{2} + 1} \\ &= 1 + \cfrac{1}{2 + (\sqrt{2} - 1)} \\ &= 1 + \cfrac{1}{2 + \cfrac{1}{\sqrt{2} + 1}} \\ &= 1 + \cfrac{1}{2 + \cfrac{1}{2 + \cfrac{1}{2 + \ddots}}}\end{aligned}$$

を得る。 ◆[†1]

注意 1.2 例題 1.3(1) の対偶[†2]を考えると,連分数表示が無限に続く数は無理数である。よって例題 1.3(2) は, $\sqrt{2}$ が無理数であるもう一つの証明を与える。

練習 1.3 $\sqrt{3}, \sqrt{5}$ の連分数表示を求めよ。ただし,繁分数[†3]の分子はすべて 1 となるようにせよ。

例題 1.4 ($\sqrt{2}$ の連分数表示とペル方程式) $\sqrt{2}$ は無理数なので, $p^2 - 2q^2 = 0$ をみたす自然数解はない。では, $p^2 - 2q^2 = \pm 1$ をみたす自然数解を求めよ。

解答例 例題 1.3(2) の $\sqrt{2}$ の連分数表示を有限ステップ (n ステップ) で切ったものを a_n とし,これを既約分数表示したものを p_n/q_n とおく。すると

$a_1 = 1$ より, $p_1 = 1, q_1 = 1$

$a_2 = 1 + \dfrac{1}{2} = \dfrac{3}{2}$ より, $p_2 = 3, q_2 = 2$

[†1] ◆は解答例終わりの記号である。
[†2] 命題「A ならば B」に対して,命題「B でなければ A でない」を元の命題の対偶という。ある命題 P が真なら, P の対偶も真である。
[†3] 繁分数とは分子または分母が分数からなる分数のことである。

$$a_3 = 1 + \cfrac{1}{2 + (1/2)} = \frac{7}{5} \text{ より, } p_3 = 7, q_3 = 5$$

$$a_4 = 1 + \cfrac{1}{2 + \cfrac{1}{2 + (1/2)}} = \frac{17}{12} \text{ より, } p_4 = 17, q_4 = 12$$

$a_n = p_n/q_n$ の定義により

$$a_{n+1} = 1 + \frac{1}{1 + a_n} = 1 + \frac{1}{1 + (p_n/q_n)} = \frac{p_n + 2q_n}{p_n + q_n}$$

すなわち

$$\begin{cases} p_{n+1} = p_n + 2q_n \\ q_{n+1} = p_n + q_n \end{cases}$$

が成り立つ†。実は, $(1+\sqrt{2})^n = P_n + Q_n\sqrt{2}$ (ただし, P_n, Q_n は自然数) とおくと, $p_n = P_n, q_n = Q_n$ である。実際, $(1+\sqrt{2})^1 = 1 + \sqrt{2}$ より, $P_1 = Q_1 = 1$ となる。また

$$\begin{aligned}(1+\sqrt{2})^{n+1} &= (P_n + Q_n\sqrt{2})(1+\sqrt{2}) \\ &= (P_n + 2Q_n) + (P_n + Q_n)\sqrt{2}\end{aligned}$$

より

$$\begin{cases} P_{n+1} = P_n + 2Q_n \\ Q_{n+1} = P_n + Q_n \end{cases}$$

となる。これは, p_n, q_n は P_n, Q_n と同じ初期条件と**漸化式**をもつからである。同様の考察により, $(1-\sqrt{2})^n = p_n - q_n\sqrt{2}$ が成り立っている。よって

$$\begin{aligned}(p_n + q_n\sqrt{2})(p_n - q_n\sqrt{2}) &= (1+\sqrt{2})^n(1-\sqrt{2})^n \\ p_n^2 - 2q_n^2 &= \{(1+\sqrt{2})(1-\sqrt{2})\}^n = (-1)^n\end{aligned}$$

が成り立つ。

ここでわかったことは, $\sqrt{2}$ の連分数表示からつくった p_n, q_n が $p_n^2 - 2q_n^2 = \pm 1$ の自然数解を与えているということである。これ以外に解がないことは別途証明が必要であるが, ここでは省略する。　　　　　　　　　　　　　　　　◆

---

† 厳密には, p_n/q_n が既約分数なら $(p_n + 2q_n)/(p_n + q_n)$ も既約分数であることを示す必要がある。これはユークリッドの互除法を用いて証明できる。

練習 1.4 （$\sqrt{5}$ の連分数表示とペル方程式）　$p^2 - 5q^2 = \pm 1$ をみたす自然数解を求めよ。

1.2　三角関数とその性質

この節では三角関数の定義の復習から始めて，そのさまざまな性質を導こう。

定義 1.2　（角度 θ の点，三角関数）　xy 座標平面で，原点を中心とする半径 1 の単位円 C を考える。$+x$ 軸から反時計回りに測って角度 θ となる C 上の点 P を角度 θ の点という（図 **1.1**）。また，このとき点 P の座標を $(\cos\theta, \sin\theta)$ とすることにより，**正弦関数** $\sin\theta$，**余弦関数** $\cos\theta$ を定義する[†]。また，$\cos\theta \neq 0$ のとき

$$\tan\theta = \text{OP の傾き} = \frac{\sin\theta}{\cos\theta}$$

で，**正接関数** $\tan\theta$ を定義する。

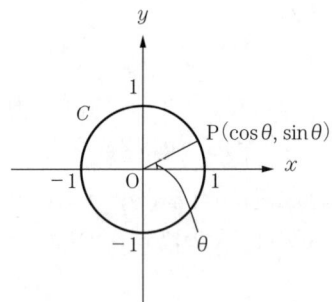

図 **1.1**　三角関数の定義

次に弧度法と一般角について説明しよう。本書では特に断りがない限り，角度は弧度法で測ることにする。弧度法では，半径 1 の扇形の弧の長さが θ のと

[†] *co-* とは，双対，余，共を意味する接頭辞で，例えば余弦（*cosine*）というのは余角（ある角に対し，合わせて直角となる角，または角度のこと）に対する正弦の意味である。

き，対応する中心角を θ〔rad〕と定義する。rad は角度の単位で，ラジアン（radian）と読む。

一周を $360\,\mathrm{deg} = 360°$ とする度数法との対応を述べよう。弧度法では半径 1 の円周の長さが 2π なので，$360\,\mathrm{deg} = 2\pi\,\mathrm{rad}$，すなわち $180\,\mathrm{deg} = \pi\,\mathrm{rad}$ となる。したがって

$$x\,\mathrm{deg} = \frac{\pi x}{180}\,\mathrm{rad}, \quad x\,\mathrm{rad} = \frac{180x}{\pi}\,\mathrm{deg}$$

という比例関係が成り立つ。

また，一般角とは，角度 θ を必ずしも $0 \leqq \theta < 2\pi$ に制限しないことをいう。$\theta \geqq 2\pi$ のときは，必要なだけ何周かして角度 θ の点を決定する。例えば，角度 $13\pi/3$ の点は角度 $\pi/3$ の点と一致する（$13\pi/3 = 2\cdot 2\pi + \pi/3$ より）。また，$\theta < 0$ のときは，時計回りに角度 $-\theta(>0)$ だけ回って角度 θ の点を決定する。

図 1.2 で点 P と点 Q が x 軸に関して対称であることから

$$\cos(-\theta) = \cos\theta, \quad \sin(-\theta) = -\sin\theta \tag{1.5}$$

が従う。点 P と点 R が直線 $y = x$ に関して対称であることから

$$\cos\left(\frac{\pi}{2} - \theta\right) = \sin\theta, \quad \sin\left(\frac{\pi}{2} - \theta\right) = \cos\theta \tag{1.6}$$

が従う。また，同様の考察により

$$\cos\left(\frac{\pi}{2} + \theta\right) = -\sin\theta, \quad \sin\left(\frac{\pi}{2} + \theta\right) = \cos\theta \tag{1.7}$$

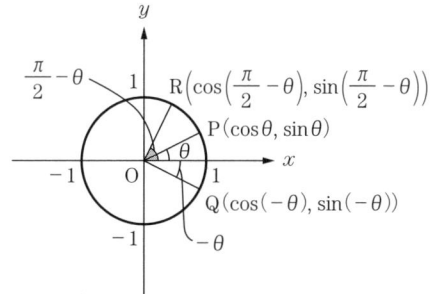

図 1.2 三角関数の性質

$$\cos(\pi - \theta) = -\cos\theta, \quad \sin(\pi - \theta) = \sin\theta \tag{1.8}$$

$$\cos(\pi + \theta) = -\cos\theta, \quad \sin(\pi + \theta) = -\sin\theta \tag{1.9}$$

$$\cos(2\pi + \theta) = \cos\theta, \quad \sin(2\pi + \theta) = \sin\theta \tag{1.10}$$

等々の諸公式が従う。また，三角関数のグラフは図 **1.3** のようになる。

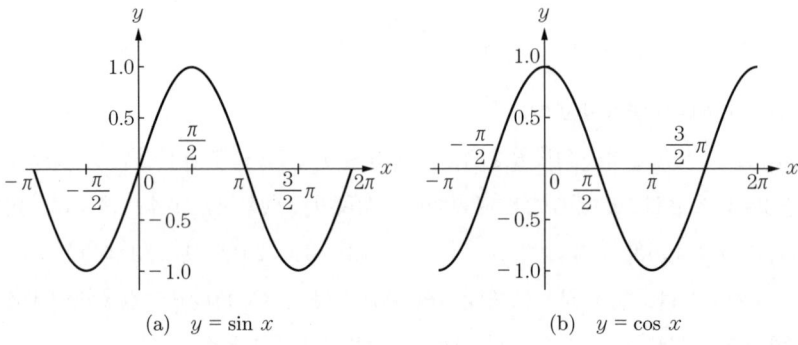

(a) $y = \sin x$ (b) $y = \cos x$

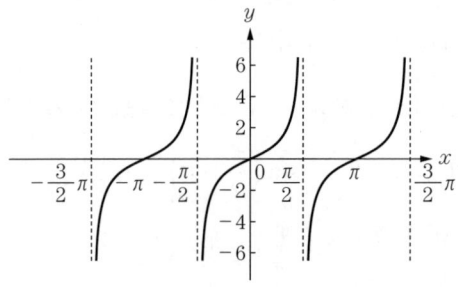

(c) $y = \tan x$

図 **1.3** 三角関数のグラフ

練習 1.5 次の三角方程式，三角不等式を解け。ただし，$0 \leqq x \leqq 2\pi$ とする。

(1) $\cos x = \dfrac{1}{2}$

(2) $\cos x < \dfrac{1}{2}$

(3) $\sin x = -\dfrac{1}{2}$

(4) $\sin x > -\dfrac{1}{2}$

1.2 三角関数とその性質

命題 1.3 任意の実数 θ に対して式 (1.11) が成り立つ.

$$\cos^2\theta + \sin^2\theta = 1 \tag{1.11}$$

証明 角度 θ の点 $\mathrm{P}(\cos\theta, \sin\theta)$ は単位円 $x^2 + y^2 = 1$ の周上にあるから式 (1.11) が成り立つ. □

系 1.4(命題 1.3 の系) 次の (1), (2) が成り立つ.

(1) $1 + \tan^2\theta = \dfrac{1}{\cos^2\theta}$

(2) $1 + \dfrac{1}{\tan^2\theta} = \dfrac{1}{\sin^2\theta}$

証明 式 (1.11) の両辺を $\cos^2\theta$ で割ると (1) が, $\sin^2\theta$ で割ると (2) が得られる. □

次に三角関数の加法定理とその系について述べる.

命題 1.5(**加法定理**) 三角関数について,次の**加法定理**が成り立つ(すべて複号同順).

$$\cos(\alpha \pm \beta) = \cos\alpha\cos\beta \mp \sin\alpha\sin\beta \tag{1.12a}$$

$$\sin(\alpha \pm \beta) = \sin\alpha\cos\beta \pm \cos\alpha\sin\beta \tag{1.12b}$$

$$\tan(\alpha \pm \beta) = \frac{\tan\alpha \pm \tan\beta}{1 \mp \tan\alpha\tan\beta} \tag{1.12c}$$

証明 点 A, B をそれぞれ角度 α, β の点とする(**図 1.4**).
余弦定理から

$$\begin{aligned}\mathrm{AB}^2 &= \mathrm{OA}^2 + \mathrm{OB}^2 - 2\mathrm{OA}\cdot\mathrm{OB}\cos(\alpha - \beta) \\ &= 2 - 2\cos(\alpha - \beta)\end{aligned} \tag{1.13}$$

12   1. 準　　備

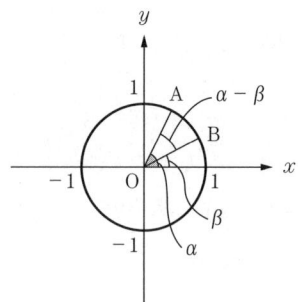

図 **1.4**　加法定理

三平方の定理から

$$\begin{aligned}
AB^2 &= (\cos\alpha - \cos\beta)^2 + (\sin\alpha - \sin\beta)^2 \\
&= \cos^2\alpha - 2\cos\alpha\cos\beta + \cos^2\beta + \sin^2\alpha - 2\sin\alpha\sin\beta + \sin^2\beta \\
&= 2 - 2(\cos\alpha\cos\beta + \sin\alpha\sin\beta) \qquad (1.14)
\end{aligned}$$

が成り立つ．最後の等式では命題 1.3 を用いた．式 (1.13) と式 (1.14) とを比べて式 (1.12 a) の複号のうち下の式が得られる．さらに $\beta \to -\beta$ とおいて，式 (1.5) を用いると式 (1.12 a) の複号のうち上の式が得られる．

式 (1.6) により，$\sin(\alpha \pm \beta) = \cos((\pi/2 - \alpha) \mp \beta)$ だから，式 (1.12 a) と再び式 (1.6) を用いることによって式 (1.12 b) が得られる．

さらに

$$\begin{aligned}
\tan(\alpha \pm \beta) &= \frac{\sin(\alpha \pm \beta)}{\cos(\alpha \pm \beta)} \\
&= \frac{\sin\alpha\cos\beta \pm \cos\alpha\sin\beta}{\cos\alpha\cos\beta \mp \sin\alpha\sin\beta}
\end{aligned}$$

となり，最後の式の分母分子を $\cos\alpha\cos\beta$ で割ることにより式 (1.12 c) が得られる． □

系 1.6　(命題 1.5 の系 1（倍角の公式））　次の (1)〜(3) が成り立つ．

(1)　$\cos 2\alpha = \cos^2\alpha - \sin^2\alpha = 2\cos^2\alpha - 1 = 1 - 2\sin^2\alpha$

(2) $\sin 2\alpha = 2\sin\alpha\cos\alpha$

(3) $\tan 2\alpha = \dfrac{2\tan\alpha}{1-\tan^2\alpha}$

証明 命題 1.5 の左辺の + の式で，$\alpha = \beta$ とおけばよい．(1) の第 2, 3 の等式は命題 1.3 を用いた． □

系 1.7（命題 1.5 の系 2（半角の公式））　次の (1)〜(3) が成り立つ．

(1) $\cos^2\dfrac{\alpha}{2} = \dfrac{1+\cos\alpha}{2}$

(2) $\sin^2\dfrac{\alpha}{2} = \dfrac{1-\cos\alpha}{2}$

(3) $\tan^2\dfrac{\alpha}{2} = \dfrac{1-\cos\alpha}{1+\cos\alpha}$

証明 系 1.6 の (1) で $\alpha \to \alpha/2$ とおくと，(1), (2) が得られる．(2) と (1) の比をとることにより，(3) が得られる． □

練習 1.6　次の三角関数の値を求めよ．

(1) $\cos\dfrac{\pi}{8}$

(2) $\tan\dfrac{5\pi}{12}$

(3) $\sin\dfrac{-7\pi}{12}$

系 1.8（命題 1.5 の系 3（積和の公式））　次の (1)〜(4) が成り立つ．

(1) $\cos\alpha\cos\beta = \dfrac{1}{2}(\cos(\alpha+\beta) + \cos(\alpha-\beta))$

(2) $\sin\alpha\sin\beta = \dfrac{1}{2}(-\cos(\alpha+\beta) + \cos(\alpha-\beta))$

(3) $\sin\alpha\cos\beta = \dfrac{1}{2}(\sin(\alpha+\beta) + \sin(\alpha-\beta))$

(4) $\cos\alpha\sin\beta = \dfrac{1}{2}(\sin(\alpha+\beta) - \sin(\alpha-\beta))$

証明 式 (1.12a) の二つの式を加えると (1) が，差をとると (2) が得られる。また，式 (1.12b) の二つの式を加えて (3) が，差をとって (4) が得られる。 □

系 1.9 (命題 1.5 の系 4 (和積の公式)) 次の (1)〜(4) が成り立つ。

(1) $\cos A + \cos B = 2\cos\dfrac{A+B}{2}\cos\dfrac{A-B}{2}$

(2) $\cos A - \cos B = -2\sin\dfrac{A+B}{2}\sin\dfrac{A-B}{2}$

(3) $\sin A + \sin B = 2\sin\dfrac{A+B}{2}\cos\dfrac{A-B}{2}$

(4) $\sin A - \sin B = 2\cos\dfrac{A+B}{2}\sin\dfrac{A-B}{2}$

証明 系 1.8 で，$\alpha = (A+B)/2, \beta = (A-B)/2$ とおくと (1)〜(4) が得られる（$\alpha+\beta = A, \alpha-\beta = B$ に注意せよ）。 □

例題 1.5 $0 < \theta_1, \theta_2, \cdots, \theta_n < \pi/4$, $\theta_1 + \theta_2 + \cdots + \theta_n < \pi/4$ のとき

$$\tan\theta_1 + \tan\theta_2 + \cdots + \tan\theta_n < \tan(\theta_1 + \theta_2 + \cdots + \theta_n)$$

が成り立つことを示せ。

証明 タンジェントの加法定理の式 (1.12c) を用いる。
 $0 < \tan\theta_1, \tan\theta_2 < 1$ より

$$\begin{aligned}\tan(\theta_1 + \theta_2) &= \dfrac{\tan\theta_1 + \tan\theta_2}{1 - \tan\theta_1 \tan\theta_2} \\ &> \tan\theta_1 + \tan\theta_2\end{aligned}$$

さらに，$0 < \tan(\theta_1 + \theta_2), \tan\theta_3 < 1$ より

$$\tan(\theta_1 + \theta_2 + \theta_3) = \dfrac{\tan(\theta_1 + \theta_2) + \tan\theta_3}{1 - \tan(\theta_1 + \theta_2)\tan\theta_3}$$

$$> \tan(\theta_1 + \theta_2) + \tan\theta_3$$
$$> \tan\theta_1 + \tan\theta_2 + \tan\theta_3$$

この操作を繰り返すことにより

$$\tan(\theta_1 + \theta_2 + \cdots + \theta_n) > \tan\theta_1 + \tan\theta_2 + \cdots + \tan\theta_n$$

が成り立つ。 □

練習 1.7 (ナポレオンの定理) 任意の △ABC に対し，3 辺 AB, BC, CA のそれぞれを 1 辺とする三つの正三角形 △ABD, △BCE, △CAF を △ABC の外側に描く。これら三つの正三角形の重心をそれぞれ G, H, I とすると，△GHI は正三角形であることを示せ。

1.3 逆三角関数とその性質

この節では逆三角関数を導入する。

定義 1.3 (逆関数) 関数 $f : X \longrightarrow Y$ で，Y のすべての元 y に対し，$f(x) = y$ をみたす $x \in X$ がただ一つ存在するとき[†]，$y \longmapsto x$ なる Y から X への関数が定義できる。これを f の**逆関数**といい，f^{-1} と記す。

$$f^{-1} : Y \longrightarrow X, \quad x = f^{-1}(y)$$

ここでは重要な逆関数の例として，**逆三角関数**を取り上げる。$f(x) = \sin x$ の定義域を $J = [-\pi/2, \pi/2]$ に制限すると，値域は $I = [-1,1]$ となる。関数 $f : J \longrightarrow I$ は全単射となるから，逆関数が定義できる。これを $f^{-1}(x) = \sin^{-1} x : I \longrightarrow J$ で表し，**逆正弦関数**という。

$g(x) = \cos x$ の定義域を $K = [0, \pi]$ に制限すると，値域は $I = [-1,1]$ となる。関数 $g : K \longrightarrow I$ は全単射となるから，逆関数が定義できる。これを

[†] このとき，関数 f は全単射であるという。

$g^{-1}(x) = \cos^{-1} x : I \longrightarrow K$ で表し，**逆余弦関数**という．

$h(x) = \tan x$ の定義域を $\overset{\circ}{J} = (-\pi/2, \pi/2)$ に制限すると，値域は $\mathbb{R}$ となる．関数 $h : \overset{\circ}{J} \longrightarrow \mathbb{R}$ は全単射となるから，逆関数が定義できる．これを，$h^{-1}(x) = \tan^{-1} x : \mathbb{R} \longrightarrow \overset{\circ}{J}$ で表し，**逆正接関数**という．

定義 1.4 （逆三角関数） 前記で導入した $\sin^{-1} x, \cos^{-1} x, \tan^{-1} x$ を総称して，**逆三角関数**という[†]（図 1.5）．

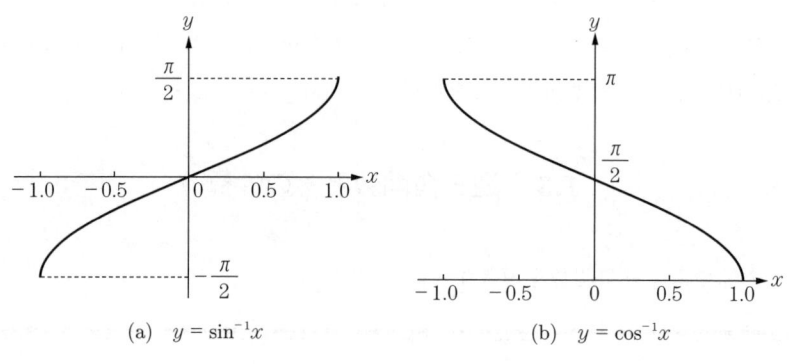

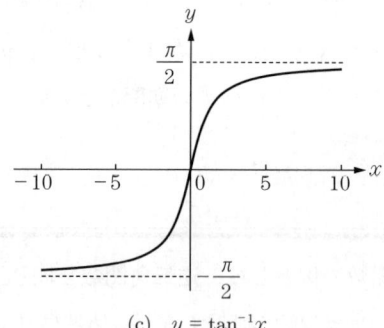

図 1.5 逆三角関数のグラフ

[†] ここで採用した表記は英式で，$\mathrm{Arcsin}\, x$, $\mathrm{Arccos}\, x$, $\mathrm{Arctg}\, x$ という独式の表記を使う流儀もある．

練習 1.8 次の値を求めよ。

(1) $\sin^{-1}\dfrac{1}{2}$

(2) $\cos^{-1}\dfrac{1}{2}$

(3) $\tan^{-1}1$

1.4 指数関数と対数関数

まずは，べき乗の定義について復習しよう。$0<a<1$ または $a>1$ をみたす a を一つ固定する。$n=1,2,3,\cdots$ に対して

$$a^n = \underbrace{a\times\cdots\times a}_{n\,\text{個}} \tag{1.15}$$

とおく。このような a^n に対しては，次の指数法則

$$a^n a^m = a^{n+m} \tag{1.16}$$
$$(a^n)^m = a^{nm} \tag{1.17}$$

が成り立っている。

いま，a^n の n として正の整数を考えているが，これを整数全体，有理数，実数へと徐々に拡張していきたい。

まず，式 (1.16) に $m=0$ を代入して

$$a^n a^0 = a^{n+0} = a^n$$

より

$$a^0 = \frac{a^n}{a^n} = 1 \tag{1.18}$$

となる。また負の整数べきについては，$n=1,2,3,\cdots$ として，式 (1.16) に $m=-n$ を代入して

$$a^n a^{-n} = a^{n-n} = a^0 = 1$$

よって

$$a^{-n} = \frac{1}{a^n} \tag{1.19}$$

により定義すると，指数法則と矛盾しない．式 (1.15)〜式 (1.19) により，すべての整数 n に対して a^n が定義された．

次に $x \in \mathbb{Q}$ に対して a^x を定義しよう．x は有理数なので，$n \in \mathbb{Z}, m \in \mathbb{N}$ を用いて，$x = n/m$ と書ける．式 (1.17) を用いると

$$(a^x)^m = a^n \tag{1.20}$$

となって，式 (1.20) の右辺は，式 (1.15)〜式 (1.19) により既知である．よって，式 (1.20) の m 乗根をとることにより

$$a^x = \sqrt[m]{a^n} \tag{1.21}$$

を得る．

最後に x が無理数のときの a^x はどう考えればよいだろうか．例えば，$x = \sqrt{2} = 1.41421356\cdots$ に対して a^x は次のように定義すればよい．

$$x_0 = 1$$
$$x_1 = 1.4$$
$$x_2 = 1.41, \cdots$$

一般に x_n を $\sqrt{2}$ の 10 進数表示での小数第 n 位で打ち切って得られる数とすると

$$x_n \to \sqrt{2} \, (n \to \infty)\,^\dagger$$

となる．各 $n \in \mathbb{N}$ に対しては $x_n \in \mathbb{Q}$ なので，a^{x_n} は定義されている．そこで

---

† 数列の極限については定義 2.1 を参照のこと．

$$a^{\sqrt{2}} = \lim_{n\to\infty} a^{x_n}$$

のように極限で $a^{\sqrt{2}}$ を定義する。

一般に，無理数 x に対して，x に収束する有理数列 $\{x_n\}$ を考える。

$$a^x = \lim_{n\to\infty} a^{x_n}$$

により定義された a^x の値は収束し，有理数列 $\{x_n\}$ の選び方によらず一通りに定まることがわかっている。

こうしてすべての実数 x に対して定義された関数：$y = a^x$ を **a を底とする指数関数**という（図 **1.6**）。

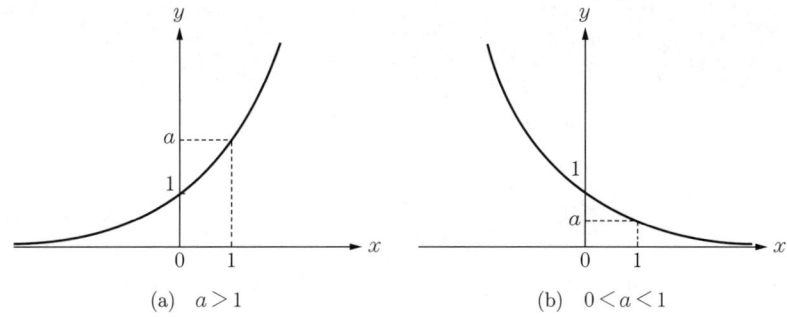

図 **1.6** 指数関数 ($y = a^x$) のグラフ

注意 1.3 指数法則は実数べきに対しても成り立つ。
 (1) $a^x a^y = a^{x+y}$
 (2) $(a^x)^y = a^{xy}$

a を底とする指数関数 $y = a^x$ は単調関数である。よって，各 $b > 0$ に対して，$a^x = b$ をみたす x がただ一つ存在する。この x の値を，$\log_a b$ と記す。

$y = \log_a x$ を，**a を底とする対数関数**という（図 **1.7**）。対数関数の変数 x を真数といい，$x > 0$ が成り立つ。これを真数条件という。

指数法則を対数関数を用いて書き直すと，次の命題 1.10 を得る。

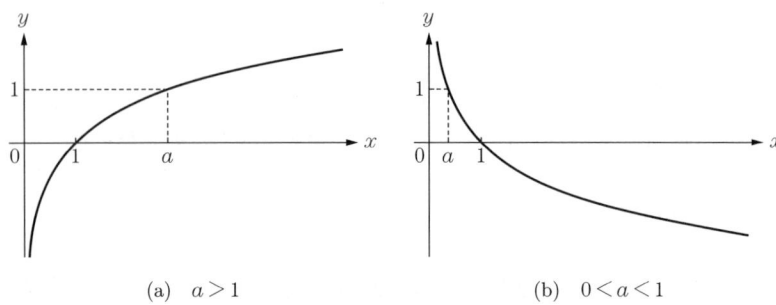

(a) $a>1$ (b) $0<a<1$

図 **1.7** 対数関数 $(y=\log_a x)$ のグラフ

命題 1.10 次の (1)~(4) が成り立つ。
(1) $\log_a xy = \log_a x + \log_a y$
(2) $\log_a \dfrac{x}{y} = \log_a x - \log_a y$
(3) $\log_a x^y = y \log_a x$
(4) $\log_x y = \dfrac{\log_a y}{\log_a x}$

証明 以下, $a^u = x, a^v = y$ とおく。このとき定義により, $u = \log_a x, v = \log_a y$ である。
(1) $xy = a^{u+v}$ より, $\log_a xy = u+v = \log_a x + \log_a y$ が得られる。
(2) $\dfrac{x}{y} = a^{u-v}$ より, $\log_a \dfrac{x}{y} = u-v = \log_a x - \log_a y$ が得られる。
(3) $x^y = (a^u)^y = a^{uy}$ より, $\log_a x^y = uy = y\log_a x$ が得られる。
(4) $y = a^v = (a^u)^{v/u} = x^{v/u}$ より, $\log_x y = \dfrac{v}{u} = \dfrac{\log_a y}{\log_a x}$ が得られる。 □

注意 1.4 命題 1.10(4) を, 底の変換公式という。

練習 1.9 次の値を求めよ。
(1) $8^{\frac{2}{3}}$
(2) $\log_{10} 2 + \log_{10} 5$
(3) $\log_8 4$

章 末 問 題

【1】 次の値を求めよ.

(1) $\log_2 16 + \log_2 \dfrac{1}{\sqrt{2}} - \log_2 4$

(2) $\log_2 6 - \log_4 18$

(3) $\sin \dfrac{\pi}{12}$

(4) $\cos \dfrac{\pi}{5}$

(5) $\sin^{-1}\left(-\dfrac{1}{2}\right)$

(6) $\cos^{-1} 0$

【2】 次の方程式を解け. ただし, (3), (4) では $0 \leqq x \leqq 2\pi$ とする.

(1) $\log_2 x + \log_2(x-2) = 3$

(2) $(\log_2 x)^2 + \log_2 x^2 = 3$

(3) $\sin x = \sin 2x$

(4) $\sin x - \cos x = \dfrac{1}{\sqrt{2}}$

【3】 次の逆三角関数に関する等式を証明せよ.

(1) $\sin^{-1} x + \cos^{-1} x = \dfrac{\pi}{2}$

(2) $\tan^{-1} \dfrac{1}{2} + \tan^{-1} \dfrac{1}{3} = \dfrac{\pi}{4}$

【4】 $\log_{10} 2$ について, 次の問に答えよ.

(1) $\dfrac{3}{10} < \log_{10} 2 < \dfrac{1}{3}$ が成り立つことを示せ.

(2) $\log_{10} 2$ は無理数であることを示せ.

> コーヒーブレイク

度数法と弧度法

　古代エジプトでは，ナイル川が定期的に氾濫を起こすため，測量術（ギリシャの幾何学の基となった）や太陽暦が発達した．また，夜空の天体も周期的に北極星の周りを反時計回りに回っていた．こうした自然現象や天体現象は1昼夜を1日として約360日を周期としていた．

　時代は下ってアレクサンドリアで活躍した天文学者にして幾何学者のプトレマイオス（トレミー）は，天動説の下に一周を$360°$に分割した．天体が1日に回る角度を$1°$としたのである．1日とは地球の自転周期であり（実際の自転周期は1日より4分ほど短い．それがなぜかは読者が各自で考えよ），1年とは地球の公転周期であり，したがって1年が約360日であるとは地球の公転周期と自転周期の比が約360であることを意味する．

　つまり，一周を$360°$とする度数法は太陽系の地球という環境に強く依存した単位系である．別の恒星の周りを回る別の惑星に住む知的生物（例えば，星の王子様）が必ずしも度数法を採用しているとは限らないのである．

　一方，弧度法は，弧の長さと中心角の大きさが比例するという（全宇宙的に）普遍的な真実に基づいた単位系であり，その意味で度数法より「エライ」のである．実際，第2章で導出されるように，弧度法で定義された三角関数は美しい微分公式をもつ．

2 微分法

多くの高校生は，微分法を単なる代数的な操作ととらえているようであるが，微分法の基礎には極限がある．極限の概念に習熟し，かつ微分法の操作を機械的に扱えるようになることがこの章の目標である．

2.1 数列の極限

この節では実数列の極限について述べる．実数列とは自然数から実数への関数 $a_n : \mathbb{N} \longrightarrow \mathbb{R}$ をいう．

定義 2.1　(実数列の極限)　実数列 $\{a_n\}$ がある実数値 $\alpha \in \mathbb{R}$ に**収束**するとは，すべての正数 ε に対して

$$n \geq N \Longrightarrow |a_n - \alpha| < \varepsilon$$

が成り立つ自然数 N が存在することをいう．このとき，α を数列 $\{a_n\}$ の極限といい

$$\lim_{n \to \infty} a_n = \alpha, \quad a_n \to \alpha (n \to \infty)$$

と記す．どのような実数にも数列が収束しないことを**発散**するという．

例題 2.1　$\displaystyle\lim_{n \to \infty} \frac{1}{n} = 0$ であることを示せ．

証明 任意の正数 ε に対して $1/\varepsilon$ が自然数のとき $n_0 = (1/\varepsilon) + 1$ とし，自然数でなければ小数部分を切り上げて得られる自然数を n_0 とすれば，$n \geqq n_0$ ならば

$$|a_n - 0| \leqq \frac{1}{n_0} < \varepsilon$$

とできるからである。 □

練習 2.1 例題 2.1 を利用して，次の極限値を求めよ。

(1) $\displaystyle\lim_{n\to\infty}\left(\frac{1}{1\cdot 2} + \frac{1}{2\cdot 3} + \cdots + \frac{1}{n(n+1)}\right)$

(2) $\displaystyle\lim_{n\to\infty}\left(\sqrt{n^2+n+1} - n\right)$

定理 2.1 (はさみうちの原理) 任意の $n \in \mathbb{N}$ に対して $a_n \leqq c_n \leqq b_n$ が成り立ち，$a_n \to \alpha, b_n \to \alpha (n \to \infty)$ であるとき，$c_n \to \alpha (n \to \infty)$ が成り立つ。

証明 仮定により，任意の正数 ε に対し

$$\alpha - \varepsilon < a_n < \alpha + \varepsilon, \quad \alpha - \varepsilon < b_n < \alpha + \varepsilon$$

が十分大きな $n \in \mathbb{N}$ について成り立つ。よって

$$\alpha - \varepsilon < a_n \leqq c_n \leqq b_n < \alpha + \varepsilon$$

より，$c_n \to \alpha (n \to \infty)$ が従う。 □

例題 2.2 $a_n = ar^{n-1}$ で定められる数列 $\{a_n\}$ を，初項 a，公比 r の等比数列という。この数列の極限を求めよ。

解答例 $a = 0$ ならば $a_n = 0$ となって，$a_n \to 0 (n \to \infty)$ は明らかだから，$a \neq 0$ としよう。まず，$x > 0$ に対して $(1+x)^n \geqq 1 + nx$ が成り立つことに注意する（二項定理（例題 1.1）または数学的帰納法を用いて証明できる。各自試みよ）。よって，$|r| > 1$ のとき，$|r| = 1 + x (x > 0)$ とおくと

$$|a_n| = |ar^{n-1}| = |a|(1+x)^{n-1} \geqq |a|(1 + (n-1)x) > (n-1)|a|x$$

となるので，$\{a_n\}$ は発散する．

また，$-1 < r < 1$ のとき

$$|r| = \frac{1}{1+x} \quad (x > 0)$$

ととれるから

$$|a_n| = |ar^{n-1}| = \frac{|a|}{(1+x)^{n-1}} \leq \frac{|a|}{1+(n-1)x} < \frac{|a|}{(n-1)x}$$

となる．よって，$-1 < r < 1$ のとき，定理 2.1 と例題 2.1 により

$$a_n \to 0 \, (n \to \infty) \tag{2.1}$$

を得る．

$r = 1$ のときは明らかに $a_n \to a \, (n \to \infty)$ となる．$r = -1$ のときは，a_n は a と $-a$ とを交互にとるから，収束しない． ◆

練習 2.2 例題 2.2 の数列 $\{a_n\}$ の第 n 項までの和

$$S_n = \sum_{k=1}^{n} a_k$$

を一般項とする数列を $\{S_n\}$ とおく．$a \neq 0$ のとき，$\{S_n\}$ の収束・発散を論ぜよ．

定義 2.2 (上下に有界) $\mathbb{R}$ の部分集合 E に対して，$\alpha \in \mathbb{R}$ が存在して，すべての E の元 x に対して $x \leq \alpha$ が成り立つとき，E は**上に有界**であるといい，α を E の上界という．逆に，$\alpha \in \mathbb{R}$ が存在して，すべての E の元 x に対して $x \geq \alpha$ が成り立つとき，E は**下に有界**であるといい，α を E の下界という．

E が上にも下にも有界であるとき，E を有界集合という．E の上界，下界の集合をそれぞれ $U(E), L(E)$ と記す．

$$U(E) = \{\alpha \in \mathbb{R} | x \in E \Longrightarrow x \leq \alpha\}$$

$$L(E) = \{\alpha \in \mathbb{R} | x \in E \Longrightarrow x \geq \alpha\}$$

注意 2.1 集合 E が上に有界でなければ $U(E) = \phi$ であり，下に有界でなければ $L(E) = \phi$ である．また，定義 2.2 により明らかに，$\alpha \in U(E)$ かつ $\alpha \leq \beta$ ならば，$\beta \in U(E)$ である．また，$\alpha \in L(E)$ かつ $\alpha \geq \beta$ ならば，$\beta \in L(E)$ である．

定義 2.3（単調増加列，単調減少列） 実数列 $\{a_n\}$ がすべての $n \in \mathbb{N}$ に対して $a_n \leq a_{n+1}$ をみたすとき，$\{a_n\}$ は**単調増加列**という．また，$a_n < a_{n+1}$ のとき狭義単調増加列という．

逆に，すべての $n \in \mathbb{N}$ に対して $a_n \geq a_{n+1}$ をみたすとき，$\{a_n\}$ は**単調減少列**という．また，$a_n > a_{n+1}$ のとき狭義減少増加列という．

定理 2.2 上に有界な単調増加列は収束する．また，下に有界な単調減少列は収束する．

証明 数列 $\{a_n\}$ が上に有界な単調増加列であると仮定する．もし $a_1 < 0$ なら，$a_n - a_1$ を改めて a_n とおいて $a_n \geq 0$ としておく．a_n の 10 進数表示を $\alpha^{(n)}.\alpha_1^{(n)}\alpha_2^{(n)}\alpha_3^{(n)}\alpha_4^{(n)}\alpha_5^{(n)}\cdots$ とする．$\{a_n\}$ は単調増加なので，a_n の整数部分である $\alpha^{(n)}$ も単調増加である．$\{a_n\}$ は上に有界でもあるので，ある番号 N_0 以降は，整数部分 $\alpha^{(n)}$ は一定になる．また，N_0 以降では小数第 1 位 $\alpha_1^{(n)}$ は単調増加で，9 を超えられないから，N_0 より先の別の番号 N_1 以降では $\alpha_1^{(n)}$ は一定となる．小数第 2 位以降も同様である．よって，$\{a_n\}$ は収束する．下に有界な単調減少列も同様である． □

例題 2.3 $a_n = \left(1 + \dfrac{1}{n}\right)^n$, $b_n = \displaystyle\sum_{k=0}^{n} \dfrac{1}{k!}$ で定義される二つの数列 $\{a_n\}$，$\{b_n\}$ を考える．このとき次の問に答えよ．

(1) $a_n \leq b_n < 3$ を示せ．

(2) $\{a_n\}$, $\{b_n\}$ が単調増加であることを示せ．

(3) $\{a_n\}$, $\{b_n\}$ はある共通の値に収束することを示せ．

証明

(1) 二項定理（例題 1.1）により

$$a_n = \sum_{k=0}^{n} {}_nC_k \left(\frac{1}{n}\right)^k$$

であり

$$\begin{aligned}\frac{{}_nC_k}{n^k} &= \frac{n!}{k!(n-k)!} \frac{1}{n^k} \\ &= \frac{1}{k!} \frac{n(n-1)\cdots(n-k+1)}{n^k} \\ &= \frac{1}{k!}\left(1-\frac{1}{n}\right)\left(1-\frac{2}{n}\right)\cdots\left(1-\frac{k-1}{n}\right)\end{aligned}$$

に注意すると

$$\begin{aligned}a_n &= \sum_{k=0}^{n} \frac{1}{k!}\left(1-\frac{1}{n}\right)\left(1-\frac{2}{n}\right)\cdots\left(1-\frac{k-1}{n}\right) \\ &\leq \sum_{k=0}^{n} \frac{1}{k!} \\ &= b_n \\ &= 1 + 1 + \frac{1}{2} + \frac{1}{3\cdot 2} + \cdots + \frac{1}{n(n-1)\cdots 3\cdot 2} \\ &\leq 1 + \left(1 + \frac{1}{2} + \frac{1}{2^2} + \cdots \frac{1}{2^{n-1}}\right) \\ &= 1 + \frac{1-\frac{1}{2^n}}{1-\frac{1}{2}} \\ &= 1 + 2\left(1 - \frac{1}{2^n}\right) \\ &< 3\end{aligned}$$

すなわち, $a_n \leq b_n < 3$ となる. よって, 数列 $\{a_n\}, \{b_n\}$ はともに上に有界である.

(2) $\displaystyle a_n = \sum_{k=0}^{n} \frac{1}{k!}\left(1-\frac{1}{n}\right)\left(1-\frac{2}{n}\right)\cdots\left(1-\frac{k-1}{n}\right)$

$\displaystyle \quad\quad < \sum_{k=0}^{n} \frac{1}{k!}\left(1-\frac{1}{n+1}\right)\left(1-\frac{2}{n+1}\right)\cdots\left(1-\frac{k-1}{n+1}\right)$

$$< \sum_{k=0}^{n+1} \frac{1}{k!}\left(1-\frac{1}{n+1}\right)\left(1-\frac{2}{n+1}\right)\cdots\left(1-\frac{k-1}{n+1}\right)$$
$$= a_{n+1}$$

より，$a_n < a_{n+1}$，すなわち，数列 $\{a_n\}$ は単調増加である．また，明らかに数列 $\{b_n\}$ は単調増加である．

(3) (1), (2) より，二つの数列 $\{a_n\}, \{b_n\}$ はともに上に有界な単調増加列なので収束する．

いま，$n < m$ として
$$a_m = \sum_{k=0}^{m}\frac{1}{k!}\left(1-\frac{1}{m}\right)\left(1-\frac{2}{m}\right)\cdots\left(1-\frac{k-1}{m}\right)$$
$$> \sum_{k=0}^{n}\frac{1}{k!}\left(1-\frac{1}{m}\right)\left(1-\frac{2}{m}\right)\cdots\left(1-\frac{k-1}{m}\right)$$

上の式で，n を固定して $m \to \infty$ の極限を考える．$a_m \to e\,(m \to \infty)$ とすると
$$e \geqq \sum_{k=0}^{n}\frac{1}{k!} = b_n \geqq a_n$$

ここで $n \to \infty$ の極限をとると，はさみうちの原理（定理 2.1）より $b_n \to e\,(n \to \infty)$ を得る． □

注意 2.2 $\{a_n\}, \{b_n\}$ の共通の極限値 $e = 2.718281828459\cdots$ をネイピアの数といい，無理数であることが知られている．e を底とする対数 $\log_e x$ を単に $\log x$ と書き，自然対数という†．したがって，e は自然対数の底とも呼ばれる．

練習 2.3 1.1^{10} と 1.01^{100} はどちらが大きいか，理由をつけて答えよ．

練習 2.4 次の数列が収束するかどうか，判定せよ．
(1) $a_n = \dfrac{1}{1} + \dfrac{1}{2} + \cdots + \dfrac{1}{n}$
(2) $b_n = \dfrac{1}{1^2} + \dfrac{1}{2^2} + \cdots + \dfrac{1}{n^2}$

---

† 10 を底とする常用対数 $\log_{10} x$ を単に $\log x$ と書き，自然対数 $\log_e x$ を $\ln x$ と書く流儀も存在する（例えば関数電卓を見てみよ）．情報，物理，化学系で多く使われているので，これらの分野の教科書や論文を読む際は注意を要する．

2.2 関数の極限

 この節では関数の極限について述べる。変数 x の値が a と異なる値をとりながら a に限りなく近づくとき,関数 $f(x)$ の値が一定の値 $\alpha \in \mathbb{R}$ に限りなく近づくならば,関数 f は $x \to a$ のとき α に収束するという。このいささか文学的な表現を論理式を用いて表現したものが次の定義 2.4 である。

定義 2.4 (関数の極限) 任意の正数 ε に対して

$$0 < |x - a| < \delta \Longrightarrow |f(x) - \alpha| < \varepsilon$$

をみたす正数 δ が存在するとき,関数 f は $x \to a$ で $\alpha \in \mathbb{R}$ に**収束する**という。
 このとき,α を関数 $f(x)$ の a における極限といい

$$\lim_{x \to a} f(x) = \alpha, \quad f(x) \to \alpha \, (x \to a)$$

と記す。関数 $f(x)$ が $x \to a$ でいかなる実数値にも収束しないことを,$f(x)$ は $x \to a$ で**発散する**という。

定義 2.5 (右極限,左極限) 任意の正数 ε に対して

$$0 < x - a < \delta \Longrightarrow |f(x) - \alpha| < \varepsilon$$

をみたす正数 δ が存在するとき,すなわち,$x > a$ で a に近づくときの極限が存在するとき,α を関数 $f(x)$ の a における**右極限**といい

$$\lim_{x \to a+0} f(x) = \alpha, \quad f(x) \to \alpha \, (x \to a+0)$$

と記す。また,任意の正数 ε に対して

$$-\delta < x - a < 0 \Longrightarrow |f(x) - \beta| < \varepsilon$$

をみたす正数 δ が存在するとき,すなわち,$x < a$ で a に近づくときの極限が存在するとき,β を関数 $f(x)$ の a における**左極限**といい

$$\lim_{x \to a-0} f(x) = \beta, \quad f(x) \to \beta \, (x \to a - 0)$$

と記す。なお,$x \to 0+0, x \to 0-0$ のことをそれぞれ,$x \to +0, x \to -0$ と記すことがある。

命題 2.3 関数 $f: I \longrightarrow \mathbb{R}$ の I の内部の点 a における極限について,次の (1) と (2) は同値である。

(1) $\displaystyle\lim_{x \to a} f(x) = \alpha$

(2) $\displaystyle\lim_{x \to a+0} f(x) = \lim_{x \to a-0} f(x) = \alpha$

証明 定義 2.4,定義 2.5 より明らか。 □

関数の極限に関して,次の定理 2.4,定理 2.5 が知られている。

定理 2.4 極限 $\displaystyle\lim_{x \to a} f(x) = \alpha, \lim_{x \to a} g(x) = \beta$ が存在するとき,次の (1)〜(4) が成り立つ。

(1) $\displaystyle\lim_{x \to a}(f(x) \pm g(x)) = \alpha \pm \beta$

(2) $\displaystyle\lim_{x \to a} cf(x) = c\alpha$ (c は定数)

(3) $\displaystyle\lim_{x \to a} f(x)g(x) = \alpha\beta$

(4) $\displaystyle\lim_{x \to a} \frac{f(x)}{g(x)} = \frac{\alpha}{\beta}$ (ただし $\beta \neq 0$)

証明 省略する。 □

定理 2.5 (はさみうちの原理) 三つの関数 $f, g, h : I \longrightarrow \mathbb{R}$ が $x \in$

2.2 関数の極限

$I \setminus \{a\}$[†]に対して $f(x) \leqq h(x) \leqq g(x)$ が成り立ち，$f(x) \to \alpha, g(x) \to \alpha \, (x \to a)$ をみたすとき，$h(x) \to \alpha \, (x \to a)$ が成り立つ．

証明 省略する． □

さて，三角関数に関する重要な極限公式を示そう．そのための鍵となるのが次の補題 2.6 である．

この補題を証明するには，弧長，あるいは一般に**曲線**の長さについての深い考察が必要となる．曲線の長さの定義の基礎となるのは線分の長さである．平面上の線分の長さは，両端の座標がわかっていれば，三平方の定理で計算できる．そこで，曲線上にいくつか点をとって，曲線を折れ線で近似する．このときの折れ線の長さの総和は，線分が 2 点を結ぶ最短経路であることから，曲線の長さより短い．しかしながら，曲線上に十分多くの点をとって曲線を細分すれば，折れ線の長さの総和は曲線の長さに限りなく近づくであろうことは了解できると思う．そこで，曲線の長さを，曲線を折れ線で近似したときの折れ線の長さの総和の極限値（もしあれば）として定義する．

補題 2.6 $0 < \theta < \dfrac{\pi}{2}$ のとき，$\sin\theta < \theta < \tan\theta$ が成り立つ．

証明 図 2.1 (a) で，円 O は単位円，A(1,0)，P は単位円上の点で $\angle$POA$= \theta \left(0 < \theta < \dfrac{\pi}{2}\right)$ である．P からおろした垂線の足を H，B は $\angle$OAB$= \angle$R となるよう，OP の延長線上にとった点である．

$\widehat{\text{AP}} = \theta$, PH$= \sin\theta$, AB$= \tan\theta$ であるから，この補題の主張は PH$< \widehat{\text{AP}} <$AB と等価である．

直角三角形の斜辺は他の二辺より長いから，PH$<$AP である．また，線分が 2 点を結ぶ最短経路であることから，AP$< \widehat{\text{AP}}$ となる．よって，PH$< \widehat{\text{AP}}$ が導かれる．

次に $\widehat{\text{AP}}$ 上に点 $Q_1, Q_2, \cdots, Q_{n-1}$ をとり，$\widehat{\text{AP}}$ の弧の長さを折れ線 AQ$_1$+Q$_1$Q$_2$ $+\cdots+$Q$_{n-1}$P で近似する（図 2.1 (b)）．A, $Q_1, Q_2, \cdots, Q_{n-1}$, P を接点とする

---

† $I \setminus \{a\}$ の意味は目次のあとに示した「本書で用いる記号」(4) を参照のこと．

32   2. 微 分 法

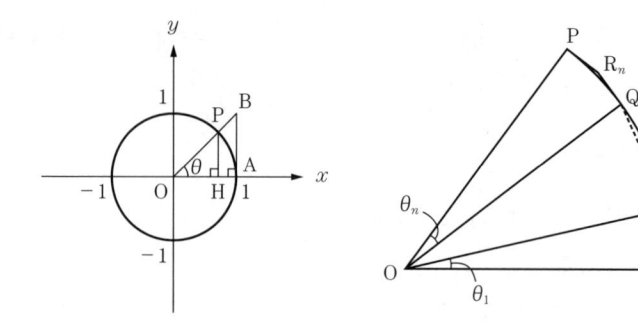

(a) 単位円と点 O, A, P, H, B の位置　　(b) AP の折れ線による近似

図 **2.1**

円 O の接線を引き，隣り合う接線の交点をそれぞれ $R_1, R_2, \cdots, R_n$ とすると，円外の点から引いた接線の性質により，$\triangle AR_1Q_1, \triangle Q_1R_2Q_2, \cdots, \triangle Q_{n-1}R_nP$ はそれぞれ $AQ_1, Q_1Q_2, \cdots, Q_{n-1}P$ を底辺とする二等辺三角形である。三角形の一辺は他の二辺の和よりも短いことから

$$AQ_1 + Q_1Q_2 + \cdots + Q_{n-1}P < 2(AR_1 + Q_1R_2 + \cdots + Q_{n-1}R_n) \quad (2.2)$$

が成り立つ。ここで

$$\angle AOQ_1 = \theta_1,\ \angle Q_1OQ_2 = \theta_2,\ \cdots,\ \angle Q_{n-1}OP = \theta_n$$

とおくと，式 (2.2) の左辺は

$$2\left(\tan\frac{\theta_1}{2} + \tan\frac{\theta_2}{2} + \cdots + \tan\frac{\theta_n}{2}\right)$$

と書ける。

$$\frac{\theta_1}{2}, \frac{\theta_2}{2}, \cdots, \frac{\theta_n}{2} > 0 \text{ かつ } \frac{\theta_1}{2} + \frac{\theta_2}{2} + \cdots + \frac{\theta_n}{2} = \frac{\theta}{2} < \frac{\pi}{4}$$

より，例題 1.5 が使えて

$$AQ_1 + Q_1Q_2 + \cdots + Q_{n-1}P < 2\tan\frac{\theta}{2} \quad (2.3)$$

が成り立つ。これは

$$\overset{\frown}{AP} \leqq 2\tan\frac{\theta}{2} < \tan\theta = AB$$

を意味する。 □

命題 2.7 $\lim_{\theta \to 0} \dfrac{\sin \theta}{\theta} = 1$ が成り立つ。

証明 $0 < \theta < \dfrac{\pi}{2}$ のとき，補題 2.6 より

$$\sin \theta < \theta < \tan \theta$$

各辺を $\sin \theta (> 0)$ で割って

$$1 < \frac{\theta}{\sin \theta} < \frac{1}{\cos \theta} \to 1 (\theta \to +0)$$

が成り立つ。よって，はさみうちの原理（定理 2.5）より

$$\lim_{\theta \to +0} \frac{\theta}{\sin \theta} = 1$$

定理 2.4(4) より

$$\lim_{\theta \to +0} \frac{\sin \theta}{\theta} = \lim_{\theta \to +0} \frac{1}{\left(\dfrac{\theta}{\sin \theta}\right)} = 1 \tag{2.4}$$

さらに，$-\dfrac{\pi}{2} < \theta < 0$ のときは式 (1.5) を使って

$$\frac{\sin \theta}{\theta} = \frac{\sin(-\theta)}{-\theta} \tag{2.5}$$

が成り立ち，$0 < -\theta < \dfrac{\pi}{2}$ となる。

よって，式 (2.4) と式 (2.5) より

$$\lim_{\theta \to -0} \frac{\sin \theta}{\theta} = 1 \tag{2.6}$$

式 (2.4) と式 (2.6) より題意を得る。 □

さて，円周率とは幾何学的には，円周の長さと直径との比として定義される。直径 1 の円に内接する正 N 角形の N 辺の長さの和を l_N とするとき

$$l_N = N \sin \frac{\pi}{N} \tag{2.7}$$

の関係がある。円周の長さの定義により

$$\lim_{N \to \infty} l_N = \pi$$

が成り立つ。この極限で，$\theta = \dfrac{\pi}{N}$ とおいてみると

$$\lim_{\theta \to 0} \frac{\pi}{\theta} \sin \theta = \pi \tag{2.8}$$

を意味する。ここで，$N = \dfrac{\pi}{\theta}$ であることと，$N \to \infty \iff \theta \to 0$ を用いた。式 (2.8) を整理すると，命題 2.7 となる。

例題 2.4 $N = 2^{n+1}$ ($n = 1, 2, 3, \cdots$) に対し，式 (2.7) で定義された l_N を計算し，π に収束する様子を調べてみよ。

解答例 $a_n = 2\cos\dfrac{\pi}{2^{n+1}},\ b_n = 2\sin\dfrac{\pi}{2^{n+1}}$ とおく。すると $\cos\dfrac{\pi}{4} = \dfrac{\sqrt{2}}{2}$ より

$$a_1 = \sqrt{2}, \qquad b_1 = \sqrt{2}$$

$\cos^2\dfrac{\pi}{8} = \dfrac{1+\cos\dfrac{\pi}{4}}{2} = \dfrac{2+\sqrt{2}}{4}$ より

$$a_2 = \sqrt{2+\sqrt{2}}, \qquad b_2 = \sqrt{2-\sqrt{2}}$$

$\cos^2\dfrac{\pi}{16} = \dfrac{1+\cos\dfrac{\pi}{8}}{2} = \dfrac{2+\sqrt{2+\sqrt{2}}}{4}$ より

$$a_3 = \sqrt{2+\sqrt{2+\sqrt{2}}}, \qquad b_3 = \sqrt{2-\sqrt{2+\sqrt{2}}}$$

一般に

$$a_n = \underbrace{\sqrt{2+\sqrt{2+\sqrt{2+\cdots+\sqrt{2}}}}}_{n\,\text{個}}$$

$$b_n = \underbrace{\sqrt{2-\sqrt{2+\sqrt{2+\cdots+\sqrt{2}}}}}_{n\,\text{個}}$$

が成り立つ。

さて，式 (2.7) で定義した l_N と b_n の関係は，$N = 2^{n+1}$ のとき

$$l_N = 2^n b_n$$

である。$\{l_N\}$ は $N \to \infty$ で π に収束する。実際

$$2b_1 = 2\sqrt{2} = 2.8284\cdots$$
$$4b_2 = 4\sqrt{2-\sqrt{2}} = 3.0614\cdots$$
$$8b_3 = 8\sqrt{2-\sqrt{2+\sqrt{2}}} = 3.1214\cdots$$
$$16b_4 = 16\sqrt{2-\sqrt{2+\sqrt{2+\sqrt{2}}}} = 3.1365\cdots$$

のように近づいていることがわかる。　　　　　　　　　　　　　　◆

練習 2.5 $N = 3 \cdot 2^n$ $(n = 1, 2, 3, \cdots)$ に対し，式 (2.7) で定義された l_N を計算し，π に収束する様子を調べてみよ。

練習 2.6 次の極限が収束するかどうか調べ，収束するときはその極限値を求めよ。

(1) $\displaystyle\lim_{x \to 1} \frac{\sqrt{x+3}-2}{x-1}$

(2) $\displaystyle\lim_{x \to 0} \frac{\sin 2x}{\sin x}$

(3) $\displaystyle\lim_{x \to 0} \frac{1-\cos x}{x^2}$

2.3　一変数関数の微分法

微分法について説明するにあたり，平均速度と瞬間速度について考えることから始めたい。

例題 2.5 物体をある高さから静かに手を離すと，物体は t 秒後に $h(t) = 4.9t^2$ メートル落下することが知られている。このとき，次の問に答えよ。

(1) 時間 $1 \leqq t \leqq 3$ における平均速度を求めよ。

(2) 時刻 $t = 1$ における瞬間速度を求めよ。

解答例

(1) $t = 1$ 秒後から $t = 3$ 秒後にかけて落下する距離は
$$h(3) - h(1) = 4.9 \times 3^2 - 4.9 \times 1^2 = 39.2$$

である。よって，この 2 秒間の平均速度は

$$\frac{h(3) - h(1)}{3 - 1} = 19.6 \tag{2.9}$$

より，19.6 メートル/秒であることがわかる。

(2) 時刻 $t = 1$ 秒における瞬間速度を求めるために，まず $t = 1$ 秒後から $t = b$ 秒後にかけての平均速度を出してみよう。

$$\frac{h(b) - h(1)}{b - 1} = \frac{4.9(b^2 - 1)}{b - 1} = 4.9(b + 1) \tag{2.10}$$

となるので $4.9(b+1)$ メートル/秒である。時刻 $t = 1$ における瞬間速度は，$b \to 1$ として，9.8 メートル/秒と計算できる。　　◆

練習 2.7 物体を地上から上向きに 9.8 メートル/秒の速さでボールを投げ上げると，ボールは t 秒後に $h(t) = 9.8t - 4.9t^2$ メートルの高さに達することが知られている。このとき，次の問に答えよ。

(1) ボールが再び地上に落ちてくるのは，ボールを投げ上げてから何秒後か。
(2) ボールが最高点に達する時刻を求めよ。また，その時刻における瞬間速度を求めよ。

例題 2.5 で計算したことを別の角度から整理してみよう。x 軸と y 軸の代わりに，横軸に t 軸，縦軸に h 軸をとって，放物線 $h = 4.9t^2$ のグラフを考える（図 **2.2**）。式 (2.9) に示す $t = 1$ から $t = 3$ の間の平均速度は，放物線上の 2 点 $(1, h(1))$, $(3, h(3))$ を通る直線の傾きに等しい。同様に，$t = 1$ から $t = b$ の間

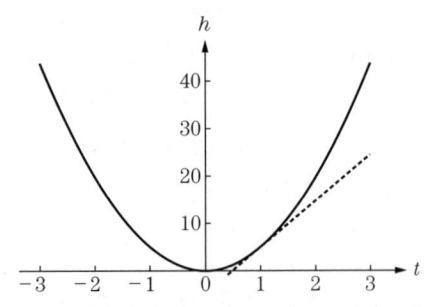

図 2.2 放物線 $h = 4.9t^2$ と接線 $h = 9.8t - 4.9$ のグラフ

の平均速度は，放物線上の 2 点 $(1, h(1))$, $(b, h(b))$ を通る直線の傾きに等しい。そこで b を 1 に近づけると，$(1, h(1))$, $(b, h(b))$ を通る直線は点 $(1, h(1))$ における接線に近づいていく。よって，時刻 $t = 1$ における瞬間速度は，$(1, h(1))$ における接線の傾きに等しいのである。

定義 2.6　（微分係数）　$\mathbb{R}$ の適当な部分集合 I で定義される実数値関数 $f : I \longrightarrow \mathbb{R}$ と $a \in I$ に対して，極限

$$\lim_{x \to a} \frac{f(x) - f(a)}{x - a} \tag{2.11}$$

が存在する[†]とき，f は $x = a$ で微分可能であるといい，極限値（式 (2.11)）を f の $x = a$ における**微分係数**という。このとき，微分係数はプライム記号 $(\prime)$ を用いて

$$f'(a) = \lim_{x \to a} \frac{f(x) - f(a)}{x - a} \tag{2.12}$$

と記す。式 (2.12) は，$x = a + h$ とおくことにより

$$f'(a) = \lim_{h \to 0} \frac{f(a+h) - f(a)}{h} \tag{2.13}$$

とも書ける。

微分係数の定義式 (2.11) の極限をとる前の式

$$\frac{f(x) - f(a)}{x - a}$$

は，グラフ上の 2 点 $(a, f(a))$ と $(x, f(x))$ を結ぶ直線の傾きを与えている。ここで，$x \to a$ とすることは，この 2 点を限りなく近づけることを意味し，その極限値として得られる導関数は，幾何学的には点 $(a, f(a))$ におけるグラフの接線の傾きを意味する。

[†] 極限の定義により，$x \to a$ は，$x \in A \backslash \{a\}$ をみたしながら x が a に近づくことを意味する。

定義 2.7 （導関数） 区間 I の各点で関数 $f: I \longrightarrow \mathbb{R}$ が微分可能のとき，新たに $I \longrightarrow \mathbb{R}$ の関数 $a \longmapsto f'(a)$ が生じる。これを f の**導関数**といい，f' と記す。

$$f'(x) = \lim_{h \to 0} \frac{f(x+h) - f(x)}{h} \tag{2.14}$$

例題 2.6 $f(x) = x^n \, (n \in \mathbb{N})$ の導関数を求めよ。

解答例 二項定理（例題 1.1）を使うと，$g(x)$ をある多項式として

$$\begin{aligned} f(x+h) &= \sum_{r=0}^{n} {}_nC_r x^{n-r} h^r \\ &= x^n + nx^{n-1}h + g(x)h^2 \end{aligned}$$

と書ける。したがって

$$\frac{f(x+h) - f(x)}{h} = nx^{n-1} + g(x)h$$

より，$h \to 0$ の極限をとることによって $f'(x) = nx^{n-1}$ を得る。　◆

練習 2.8 $f(x) = \sqrt{x}$ の導関数を求めよ。

2.4 初等関数の導関数 1

初等関数とは，多項式関数，有理関数，無理関数などの代数関数と，三角関数，逆三角関数，指数関数，対数関数，およびこれらの関数の有限回の合成で得られる関数のことである。この節では，これら初等関数の導関数の公式を導くことを目標とする。

2.4.1 三角関数の導関数

ここでは，命題 2.7 を用いて，三角関数の導関数の公式を導こう。

> **定理 2.8** 三角関数の導関数が次のように与えられる。
> (1) $(\sin x)' = \cos x$
> (2) $(\cos x)' = -\sin x$

証明

(1) 和を積に直す公式により

$$\frac{\sin(x+h) - \sin x}{h} = \frac{2\cos(x+h/2)\sin(h/2)}{h}$$
$$= \cos(x+h/2)\frac{\sin(h/2)}{h/2}$$

となって，$h \to 0$ の極限がとれ，$(\sin x)' = \cos x$ を得る。

(2) 同様に和を積に直す公式により

$$\frac{\cos(x+h) - \cos x}{h} = \frac{-2\sin(x+h/2)\sin(h/2)}{h}$$
$$= -\sin(x+h/2)\frac{\sin(h/2)}{h/2}$$

となって，$h \to 0$ の極限がとれ，$(\cos x)' = -\sin x$ を得る。 □

2.4.2 指数・対数関数の導関数

ここでは，指数関数およびその逆関数である対数関数の導関数を導くことを目的とする。この項における定理や命題の証明には，微分積分学のさまざまなエッセンスが現れる。読者諸君はそのエッセンスを十分に味わってほしい。

> **補題 2.9** 次の (1)〜(4) が成り立つ。
> (1) $\displaystyle\lim_{x \to \pm\infty}\left(1 + \frac{1}{x}\right)^x = e$
> (2) $\displaystyle\lim_{h \to 0}(1+h)^{\frac{1}{h}} = e$
> (3) $\displaystyle\lim_{h \to 0}\frac{\log(1+h)}{h} = 1$
> (4) $\displaystyle\lim_{x \to 0}\frac{e^x - 1}{x} = 1$

> [!NOTE] 証明

(1) まず $x \to +\infty$ のほうから考えよう.このとき $x \geq 1$ としてよく,x の整数部分を n とすれば,$1 \leq n \leq x < n+1$ となる.よって

$$\left(1+\frac{1}{n+1}\right)^n \leq \left(1+\frac{1}{n+1}\right)^x < \left(1+\frac{1}{x}\right)^x \leq \left(1+\frac{1}{n}\right)^x < \left(1+\frac{1}{n}\right)^{n+1}$$

$x \to +\infty$ のとき $n \to \infty$ であり,例題 2.3 と定理 2.4 により

$$\lim_{n\to\infty}\left(1+\frac{1}{n+1}\right)^n = \lim_{n\to\infty}\left(1+\frac{1}{n+1}\right)^{n+1}\left(1+\frac{1}{n+1}\right)^{-1} = e$$

$$\lim_{n\to\infty}\left(1+\frac{1}{n}\right)^{n+1} = \lim_{n\to\infty}\left(1+\frac{1}{n}\right)^n\left(1+\frac{1}{n}\right) = e$$

を得る.よって,はさみうちの原理(定理 2.5)より

$$\lim_{x\to+\infty}\left(1+\frac{1}{x}\right)^x = e$$

が成り立つ.

また,$x < 0$ のときは $t = -x > 0$ とおくと

$$\begin{aligned}\left(1+\frac{1}{x}\right)^x &= \left(1-\frac{1}{t}\right)^{-t} \\ &= \left(\frac{t-1}{t}\right)^{-t} \\ &= \left(\frac{t}{t-1}\right)^t \\ &= \left(1+\frac{1}{t-1}\right)^t\end{aligned}$$

となるから,$t \to +\infty$ の場合に帰着できて

$$\lim_{x\to-\infty}\left(1+\frac{1}{x}\right)^x = \lim_{t\to+\infty}\left(1+\frac{1}{t-1}\right)^{t-1}\left(1+\frac{1}{t-1}\right) = e$$

を得る.

(2) $h = 1/x$ とおくと $x \to \pm\infty$ は $h \to 0$ であるから,(2) が従う.

(3) いま,$h > -1$ に対して

$$f(h) = \begin{cases} (1+h)^{\frac{1}{h}} & (h \neq 0) \\ e & (h = 0 \text{ のとき}) \end{cases}$$

とおくと，(2) により f は連続である．また明らかに $h > -1$ に対して $f(h) > 0$ なので，$g(x) = \log x$ とおくと，g は $x > 0$ で連続だから，合成関数

$$(g \circ f)(h) = \frac{1}{h}\log(1+h)$$

も $h > -1$ で連続である†．よって

$$\lim_{h \to 0} g(f(h)) = g(e)$$

これは (3) を意味する．

(4) $h = e^x - 1$ とおくと，$h \to 0$ は $x \to 0$ と同値である．また，$\log(1+h) = \log e^x = x$ により，(3) は

$$\lim_{x \to 0} \frac{x}{e^x - 1} = 1$$

と書き直すことができ，定理 2.4(4) により，(4) が従う． □

定理 2.10 次の導関数の公式が成り立つ．
(1) $(e^x)' = e^x$
(2) $(\log x)' = \dfrac{1}{x}$

証明

(1) いま

$$\frac{e^{x+h} - e^x}{h} = \frac{e^x(e^h - 1)}{h}$$

となるので，$h \to 0$ の極限がとれて

$$(e^x)' = \lim_{h \to 0} \frac{e^x(e^h - 1)}{h} = e^x$$

となる．最後の等式で，補題 2.9(4) を用いた．

(2) いま

$$\frac{\log(x+h) - \log x}{h} = \frac{\log(1+h/x)}{h}$$
$$= \frac{1}{x}\frac{\log(1+h/x)}{h/x}$$

となるので，$h \to 0$ の極限がとれて

---

† 合成関数 $g \circ f$ については，定義 2.8 を参照のこと．

$$(\log x)' = \frac{1}{x} \lim_{h \to 0} \frac{\log(1+(h/x))}{(h/x)} = \frac{1}{x}$$

となる．最後の等式で，補題 2.9(3) を用いた． □

2.5 微分法の諸公式

微分法に関して，次の命題が成り立つ．

命題 2.11 実数値関数 f, g がともに定義域 I で導関数 f', g' をもち，c を定数とする．このとき同じ定義域 I で次の (1)〜(4) が成り立つ．
(1) $(f(x) \pm g(x))' = f'(x) \pm g'(x)$ （複号同順）
(2) $(cf(x))' = cf'(x)$
(3) $(f(x)g(x))' = f'(x)g(x) + f(x)g'(x)$ （ライプニッツ・ルール）
(4) $\left(\dfrac{f(x)}{g(x)}\right)' = \dfrac{f'(x)g(x) - f(x)g'(x)}{g(x)^2}$ （$g(x) \neq 0$ のとき）

証明 (1), (2) は省略する．(3), (4) については例題 2.7 を参照のこと． □

注意 2.3 例題 2.6 および命題 2.11(1), (2) により，多項式関数

$$f(x) = \sum_{k=0}^{n} a_k x^k = a_n x^n + \cdots + a_2 x^2 + a_1 x + a_0$$

の導関数は

$$f'(x) = \sum_{k=0}^{n} k a_k x^{k-1} = n a_n x^{n-1} + \cdots + 2 a_2 x + a_1$$

で与えられる．

例題 2.7 命題 2.11(3), (4) を証明せよ．

証明
(3) まず最初に，微分可能な関数は連続関数，すなわち，$f(x+h) \to f(x)$ ($h \to 0$) であることに注意する．実際

$$\lim_{h\to 0} f(x+h) = \lim_{h\to 0}\left(f(x) + h\frac{f(x+h)-f(x)}{h}\right)$$
$$= f(x) + 0\cdot f'(x)$$
$$= f(x)$$

となるからである。

定義 2.7 により

$$\lim_{h\to 0}\frac{f(x+h)g(x+h)-f(x)g(x)}{h}$$
$$=\lim_{h\to 0}\frac{(f(x+h)-f(x))g(x+h)+f(x)(g(x+h)-g(x))}{h}$$
$$=\lim_{h\to 0}\left(\frac{f(x+h)-f(x)}{h}g(x+h)+f(x)\frac{g(x+h)-g(x)}{h}\right)$$
$$=\lim_{h\to 0}\frac{f(x+h)-f(x)}{h}\cdot\lim_{h\to 0}g(x+h)+f(x)\cdot\lim_{h\to 0}\frac{g(x+h)-g(x)}{h}$$

より，$f(x)g(x)$ は微分可能であり

$$(f(x)g(x))' = f'(x)g(x) + f(x)g'(x)$$

が成り立つ。ここで，$g(x)$ が連続関数であることを用いた。

(4) $h(x) = f(x)/g(x)$ とおくと，$f(x) = g(x)h(x)$ である。$f(x)$ に対して (3) を適用して

$$f'(x) = (g(x)h(x))' = g'(x)h(x) + g(x)h'(x)$$

これを $h'(x)$ について解いて

$$\left(\frac{f(x)}{g(x)}\right)' = h'(x)$$
$$= \frac{f'(x) - g'(x)h(x)}{g(x)}$$
$$= \frac{f'(x)g(x) - f(x)g'(x)}{g(x)^2}$$

により，成り立つ。 □

練習 2.9 次の関数を微分せよ。

(1) $x^4 - 2x^3 + 3x^2 - 4x + 5$

(2) $\dfrac{x}{x^2 - 1}$

(3) $\dfrac{1}{x^n}$

定義 2.8 (合成関数) 二つの関数 $f : A \longrightarrow B'$ と $g : B \longrightarrow C$ に対して，$f(A) \subset B$ (例えば $B' = B$ のとき)，f と g はこの順で合成可能であるといい

$$h(x) = g(f(x))$$

で定義される関数を f と g の合成関数といい

$$h = g \circ f$$

と記す。

例 2.1 $f(x) = \sin x, g(x) = x^2$ とおくと，f と g はどちらの順でも合成可能で

$$(g \circ f)(x) = \sin^2 x, \quad (f \circ g)(x) = \sin x^2$$

となる。

命題 2.12 (合成関数の微分法) 二つの関数 $f : A \longrightarrow \mathbb{R}$ と $g : B \longrightarrow \mathbb{R}$ がこの順で合成可能で，f が $x \in A$ で微分可能，g が $y = f(x)$ で微分可能であるとき，合成関数 $g \circ f$ も x で微分可能で

$$(g \circ f)'(x) = g'(f(x)) f'(x) \tag{2.15}$$

が成り立つ。

証明 例題 2.8 を参照のこと。 □

注意 2.4 y を x で微分することを $\dfrac{dy}{dx}$ で表すことにする。このとき，$u = f(x)$ と $y = g(u)$ を合成して得られる合成関数 $y = g(f(x))$ の導関数の公式 (2.15) は次のように書ける。

$$\frac{dy}{dx} = \frac{dy}{du}\frac{du}{dx} \tag{2.16}$$

また命題 2.12 を連鎖微分律（チェイン・ルール）ともいう。

例 2.2 関数 $y = (x^2 - 3x + 5)^3$ は，$u = x^2 - 3x + 5$ とおくと，$y = u^3$ となる。よって，命題 2.12 により

$$\begin{aligned}
y' &= \frac{dy}{dx} \\
&= \frac{dy}{du}\frac{du}{dx} \\
&= 3u^2(2x-3) \\
&= 3(x^2-3x+5)^2(2x-3)
\end{aligned}$$

となる。

例題 2.8 命題 2.12 を証明せよ。

証明 簡単のため $f(x)$ は定数ではないとし，十分小さい h に対し，$f(x+h) \neq f(x)$ とできると仮定する。$f(x) = u, f(x+h) = u+k$ とおくとき定義により

$$\begin{aligned}
\frac{dy}{dx} &= \lim_{h \to 0} \frac{g(f(x+h)) - g(f(x))}{h} \\
&= \lim_{h \to 0} \frac{g(f(x+h)) - g(f(x))}{f(x+h) - g(x)} \frac{f(x+h) - g(x)}{h} \\
&= \lim_{\substack{h \to 0 \\ k \to 0}} \frac{g(u+k) - g(u)}{k} \frac{f(x+h) - g(x)}{h} \\
&= \frac{dy}{du}\frac{du}{dx}
\end{aligned}$$

より，成り立つ。ここで，$h \to 0$ のとき $k \to 0$ であることを用いた。 □

練習 2.10 次の関数の導関数を求めよ。

(1) $(2x+3)^4$

(2) $(x^2+1)^3$

(3) $\sin(2x+3)$

(4) $(2x+3)^2(3x-4)^3$

定理 2.13 （逆関数の微分法）　狭義単調関数 f が x で微分可能のとき，その逆関数 f^{-1} は $y = f(x)$ で微分可能であり

$$(f^{-1})'(y) = \frac{1}{f'(x)} \tag{2.17}$$

が成り立つ。

証明　例題 2.9 を参照のこと。　□

注意 2.5　注意 2.4 でもそうしたように，y を x で微分することを $\dfrac{dy}{dx}$ で表すことにする。このとき $y = f(x)$ とおけば

$$\frac{dy}{dx} = f'(x)$$

であり，その逆関数 $x = f^{-1}(y)$ の導関数は x を y で微分することにより得られるから

$$\frac{dx}{dy} = (f^{-1})'(y)$$

と書ける。式 (2.17) によれば，これらはたがいに逆数，すなわち

$$\frac{dy}{dx}\frac{dx}{dy} = 1 \tag{2.18}$$

である。

導関数の記号 $\dfrac{dy}{dx}$ は一つのまとまった記号ではあるが，式 (2.16)，式 (2.18) から，dx や dy をあたかも独立した意味のある記号として取り扱っても構わないことがわかる。これがライプニッツ† が導入したこの記法の優れた点である。

例題 2.9　定理 2.13 を証明せよ。

証明　$f(x) = y$, $f(x+h) = y+k$ とおくと，f は狭義の単調関数であるから $h \neq 0$ のとき，$k \neq 0$ が成り立つ。また，微分可能関数は連続だから，$h \to 0$ の

---

†　5 章末のコラム参照のこと。

とき，$k \to 0$ である．逆関数の定義から，$x = f^{-1}(y)$, $x + h = f^{-1}(y+k)$ となるので

$$
\begin{aligned}
(f^{-1})'(y) &= \lim_{k \to 0} \frac{f^{-1}(y+k) - f^{-1}(y)}{k} \\
&= \lim_{h \to 0} \frac{h}{f(x+h) - f(x)} \\
&= \frac{1}{f'(x)}
\end{aligned}
$$

よって証明された． □

練習 2.11 関数 $y = \sqrt[r]{x}$ の導関数を求めよ．

練習 2.12 a が正負の有理数のとき，関数 $f(x) = x^a$ の導関数について，練習 2.9(3)，練習 2.11，命題 2.12 とを用いて，$f'(x) = ax^{a-1}$ が成り立つことを示せ．

2.6　初等関数の導関数 2

この節では初等関数の導関数の基本的な公式のうち，2.4 節で導いていない残りの公式を導くことを目標とする．

2.6.1　三角関数の導関数

ここでは，命題 2.11 を用いて，三角関数の導関数の残りの公式を導こう．

定理 2.14（定理 2.8 の続き）　三角関数の導関数が次のように与えられる．
 (3)　$(\tan x)' = \dfrac{1}{\cos^2 x}$

証明　定理 2.8(1), (2) と商の微分法（命題 2.11(4)）により

$$
\begin{aligned}
(\tan x)' &= \left(\frac{\sin x}{\cos x} \right)' \\
&= \frac{(\sin x)' \cos x - \sin x (\cos x)'}{\cos^2 x}
\end{aligned}
$$

$$= \frac{\cos^2 x + \sin^2 x}{\cos^2 x}$$
$$= \frac{1}{\cos^2 x}$$

を得る。最後の等式で，$\cos^2 x + \sin^2 x = 1$ を用いた。 □

2.6.2 逆三角関数の導関数

ここでは逆三角関数の導関数について，公式を導こう。

定理 2.15 次の微分公式が成り立つ。

(1) $(\sin^{-1} x)' = \dfrac{1}{\sqrt{1-x^2}}$

(2) $(\cos^{-1} x)' = -\dfrac{1}{\sqrt{1-x^2}}$

(3) $(\tan^{-1} x)' = \dfrac{1}{1+x^2}$

証明

(1) $y = \sin^{-1} x$ とおくと，$x = \sin y$ となる。逆関数の微分公式により

$$(\sin^{-1} x)' = \frac{1}{\left(\dfrac{dx}{dy}\right)} = \frac{1}{\cos y}$$

逆正弦関数の定義により $-\pi/2 \leqq y \leqq \pi/2$ であるから，$\cos y \geqq 0$ となる。よって，$\cos y = \sqrt{1 - \sin^2 y} = \sqrt{1 - x^2}$ を代入して，(1) を得る。

(2) $y = \cos^{-1} x$ とおくと，$x = \cos y$ となる。逆関数の微分公式により

$$(\cos^{-1} x)' = \frac{1}{\left(\dfrac{dx}{dy}\right)} = -\frac{1}{\sin y}$$

逆余弦関数の定義により $0 \leqq y \leqq \pi$ であるから，$\sin y \geqq 0$ となる。よって，$\sin y = \sqrt{1 - \cos^2 y} = \sqrt{1 - x^2}$ を代入して，(2) を得る。

(3) $y = \tan^{-1} x$ とおくと，$x = \tan y$ となる。逆関数の微分公式により

$$(\tan^{-1} x)' = \frac{1}{\left(\dfrac{dx}{dy}\right)} = \frac{1}{1/\cos^2 y}$$

公式 $\dfrac{1}{\cos^2 y} = 1 + \tan^2 y = 1 + x^2$ を代入して，(3) を得る。 □

練習 2.13 次の関数の導関数を求めよ．

(1) $\tan(x^2)$

(2) $\sin^{-1}(2x+3)$

(3) $\sin x \cos^{-1} x$

2.6.3 底が一般の場合の指数関数と対数関数

すでに底がネイピアの数 e のときは，指数関数と対数関数の微分公式を導いた．ここでは，底が一般の場合の公式も導いておこう．

命題 2.16 a は 1 と異なる正数とする．このとき，次の (1), (2) が成り立つ．
(1) $(a^x)' = a^x \log a$
(2) $(\log_a x)' = \dfrac{1}{x \log a}$

証明

(1) $a = e^{\log a}$ より，$a^x = (e^{\log a})^x = e^{x \log a}$ となる．よって，命題 2.12 より

$$(a^x)' = e^{x \log a}(x \log a)' = a^x \log a$$

(2) 底の変換公式（命題 1.10(4)）より，$\log_a x = \log x / \log a$ が得られる．よって

$$(\log_a x)' = \left(\dfrac{\log x}{\log a}\right)' = \dfrac{1}{x \log a}$$

より，成り立つ． □

2.6.4 対数微分法

この項では，チェイン・ルール（合成関数の微分公式）の応用の一つとして**対数微分法**を学ぶ．

定理 2.17 (対数微分法) $f(x) \neq 0$ に対し

$$(\log |f(x)|)' = \frac{f'(x)}{f(x)} \tag{2.19}$$

が成り立つ。

証明 まず，$(\log |x|)' = 1/x$ を示す。$x > 0$ のときは，定理 2.10(2) そのものである。$x < 0$ のとき，命題 2.12 より

$$(\log |x|)' = (\log(-x))' = \frac{1}{-x}(-x)' = \frac{1}{x}$$

より成り立つ。

次に式 (2.19) であるが，$u = f(x), y = \log |u|$ とおくと

$$(\log |f(x)|)' = \frac{dy}{dx} = \frac{dy}{du}\frac{du}{dx} = \frac{1}{u}f'(x)$$

より，成り立つ。 □

例題 2.10 $y = x^x$ $(x > 0)$ の導関数を求めよ。

解答例 両辺の自然対数をとり，$\log y = x \log x$ となる。この両辺を x で微分すると

$$\frac{d \log y}{dy}\frac{dy}{dx} = (x)' \log x + x(\log x)'$$

$$\frac{y'}{y} = \log x + x\frac{1}{x} = \log x + 1$$

よって，$y' = y(\log x + 1) = x^x(\log x + 1)$ となる。 ◆

別解 $x = e^{\log x}$ より，$x^x = (e^{\log x})^x = e^{x \log x}$ となる。よって，チェイン・ルール (命題 2.12) より $(x^x)' = (x \log x)' e^{x \log x} = (\log x + 1)x^x$ となる。 ◆

練習 2.14 次の関数の導関数を求めよ。ただし，定義域は $x > 0$ とする。

(1) $x^{\sin x}$

(2) $x^{\log x}$

章 末 問 題

【1】 次の極限値を求めよ。

(1) $\displaystyle\lim_{x \to 3} \frac{x^2 - 4x + 3}{x^2 - 5x + 6}$

(2) $\displaystyle\lim_{x \to 0} \frac{e^{2x} - 1}{x}$

(3) $\displaystyle\lim_{x \to 0} x \sin \frac{1}{x}$

【2】 次の関数の導関数を求めよ。

(1) $(4x + 5)^6$

(2) $\sin(x^2)$

(3) $\tan^3 x$

(4) $e^x \cos x$

(5) $\log(x + \sqrt{x^2 + 1})$

(6) $\sin(\log x) \, (x > 0)$

(7) $\log |\cos x|$

【3】 数列 $\{x_n\}$ を

$$x_1 = 2, \quad x_{n+1} = \frac{1}{2}\left(x_n + \frac{2}{x_n}\right)$$

により帰納的に定義するとき，次の問に答えよ（ニュートン法）。

(1) 放物線 $f(x) = x^2 - 2$ に対し，$(x_n, f(x_n))$ における接線と x 軸の交点の座標が $(x_{n+1}, 0)$ になることを示せ。

(2) 数列 $\{x_n\}$ が収束することを示し，その極限値を求めよ。

【4】 θ を $0 < \theta < \dfrac{\pi}{2}$ をみたす定数として，二つの数列 $\{a_n\}, \{b_n\}$ を次のように帰納的に定める。

$$a_1 = \cos\theta, \quad b_1 = 1, \quad a_{n+1} = \frac{a_n + b_n}{2}, \quad b_{n+1} = \sqrt{a_{n+1} b_n} \, (n \geq 1)$$

このとき次の問に答えよ。

(1) すべての番号 n に対して，$a_n < b_n$ が成り立つことを示せ。

(2) 数列 $\{a_n\}$ は単調増加列，数列 $\{b_n\}$ は単調減少列であることを示せ。

(3) 二つの数列 $\{a_n\}$ と $\{b_n\}$ はともに共通の極限値に収束することを示せ。また，その共通の極限値を θ を用いて表せ。

コーヒーブレイク

不思議な数列の極限

ラマヌジャン (1887–1920) はインド生まれの天才数学者である。彼が『インド数学協会誌』という雑誌に，読者への挑戦問題を投稿した中に，以下の問があった。

問 次の無限数列の値を求めよ。
$$\sqrt{1+2\sqrt{1+3\sqrt{1+4\sqrt{1+\cdots}}}}$$

$n > 0$ に対して
$$n = \sqrt{1+(n-1)(n+1)}$$
が成り立つ。上の問題は，この式に $n = 3, 4, 5, \cdots$ を次々代入することにより得られる。実際
$$3 = \sqrt{1+2\cdot 4}$$
であるが，ルートの中の 4 に $4 = \sqrt{1+3\cdot 5}$ を代入して
$$3 = \sqrt{1+2\cdot\sqrt{1+3\cdot 5}}$$
さらにルートの中の 5 に $5 = \sqrt{1+4\cdot 6}$ を代入して
$$3 = \sqrt{1+2\cdot\sqrt{1+3\cdot\sqrt{1+4\cdot 6}}}$$
これを次々に代入することにより
$$3 = \sqrt{1+2\sqrt{1+3\sqrt{1+4\sqrt{1+\cdots}}}}$$
となる。つまりこの問題の答は 3 である。

3 積 分 法

高等学校では積分は微分の逆と教えられる．しかし，歴史的には積分法の源流は微分法のそれよりも古いし，積分を微分の逆ととらえるだけでは見えてこない真実もある．そこでこの章では，**アルキメデスの求積法**を現代風に焼き直した区分求積法から積分法の説明を始める．

3.1 アルキメデスに学ぶ──区分求積法

論理的にはいきなり積分の定義から話を始めても構わないわけだが，積和の極限としての積分のイメージをなるべくわかりやすい形で提示したいのであえてこの節を設けた．高等学校におけるある種の数列の総和公式のよい復習にもなるだろう．

例題 3.1 図 3.1 に示した，$y = x^2$ のグラフと x 軸，および直線 $x = 1$ で囲まれた部分の面積 S を求めよ．

解答例 ここで，曲線に囲まれた図形の面積とは何ぞやという疑問が当然出てくる．そこで，長方形の面積の公式は既知として，以下では，平面上の二つの図形 A，B で A に属する点がすべて B にも属するとき (A の面積) $\leqq$ (B の面積) という至極当然の仮定だけおいて S の値を求めてみよう．

区間 $[0,1]$ を 4 等分してできる短冊状の図形について考えると，明らかに

$$\frac{1}{4}\left(\frac{1}{16} + \frac{4}{16} + \frac{9}{16}\right) < S < \frac{1}{4}\left(\frac{1}{16} + \frac{4}{16} + \frac{9}{16} + 1\right)$$

54 　3. 積　　分　　法

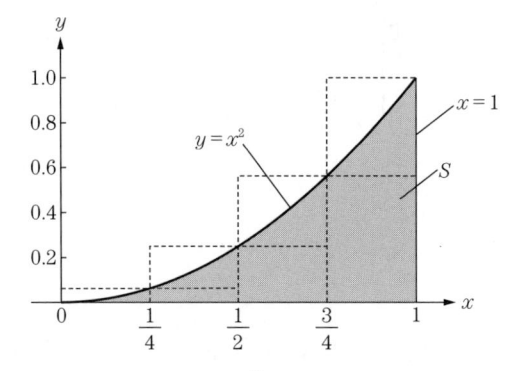

図 **3.1**　$y = x^2$ のグラフと短冊

すなわち

$$\frac{7}{32} < S < \frac{15}{32}$$

と評価できる。なお

$$\frac{15}{32} - \frac{7}{32} = \frac{1}{4}$$

であるが，この差は，右端の短冊の面積に由来している。

したがって，分割を n 等分にすれば，S の値をもっと精度よく，最大 $1/n$ の幅の中で求められる。そこで分割を n 等分にすれば

$$\frac{1}{n}\sum_{k=1}^{n-1}\left(\frac{k}{n}\right)^2 < S < \frac{1}{n}\sum_{k=1}^{n}\left(\frac{k}{n}\right)^2 \tag{3.1}$$

である。ここで，公式

$$\sum_{k=1}^{n} k^2 = \frac{n(n+1)(2n+1)}{6} \tag{3.2}$$

を式 (3.1) に代入すると

$$\frac{(n-1)(2n-1)}{6n^2} < S < \frac{(n+1)(2n+1)}{6n^2} \tag{3.3}$$

と評価できる。ところが

$$\begin{aligned}S_n^{(\pm)} &= \frac{(n \pm 1)(2n \pm 1)}{6n^2} \\ &= \frac{(1 \pm 1/n)(2 \pm 1/n)}{6}\end{aligned}$$

であるから，n を十分大きくとると，$S_n^{(\pm)}$ は限りなく 1/3 に近づく．ここで，例題 2.1 より

$$\lim_{n\to\infty} \frac{1}{n} = 0$$

が成り立つことを用いた．よって，$S = 1/3$ でなければならない．実際，式 (3.3) はすべての正の整数 n に対して成り立たなければならないが，$S \neq 1/3$ だとすると，十分大きな n に対して，式 (3.3) が成り立たなくなるからである．よって，求めたい部分の面積は 1/3 であることがわかった． ◆

このようにして求められた S の値は，実は定積分

$$\int_0^1 x^2 dx$$

で与えられることを 3.2 節で示す．

例題 3.2 公式 (3.2) を導出せよ．

解答例 一般に $b_n = a_n - a_{n-1}$ とおくと

$$\sum_{k=1}^{n} b_k = \sum_{k=1}^{n} (a_k - a_{k-1})$$
$$= (\not{a}_1 - a_0) + (\not{a}_2 - \not{a}_1) + \cdots + (a_n - \not{a}_{n-1})$$
$$= a_n - a_0$$

が成り立つ．つまり階差数列（ある数列の隣項間の差）の第 n 項までの和は，もとの数列の第 n 項から第 0 項の差で与えられる．

$$k = \frac{k(k+1) - (k-1)k}{2}$$

のように k は階差数列で表されるので

$$\sum_{k=1}^{n} k = \sum_{k=1}^{n} \frac{k(k+1) - (k-1)k}{2}$$
$$= \frac{n(n+1)}{2} \tag{3.4}$$

同様に

56   3. 積　分　法

$$k(k+1) = \frac{k(k+1)(k+2) - (k-1)k(k+1)}{3}$$

であるから

$$\sum_{k=1}^{n} k^2 + \sum_{k=1}^{n} k = \sum_{k=1}^{n} k(k+1)$$

$$= \sum_{k=1}^{n} \frac{k(k+1)(k+2) - (k-1)k(k+1)}{3}$$

$$= \frac{n(n+1)(n+2)}{3} \tag{3.5}$$

式 (3.4) と式 (3.5) とから

$$\sum_{k=1}^{n} k^2 = \frac{n(n+1)(n+2)}{3} - \frac{n(n+1)}{2}$$

$$= \frac{n(n+1)(2n+1)}{6}$$

を得る。これはまさしく式 (3.2) である。　　　　　　　　　　　　　　◆

練習 3.1

(1) 式 (3.4),式 (3.5) の導出をまねて,次の公式を導け。

$$\sum_{k=1}^{n} k(k+1)(k+2) = \frac{n(n+1)(n+2)(n+3)}{4}$$

(2) 曲線 $y = x^3$ と x 軸,および直線 $x = 1$ で囲まれた部分の面積を,区分求積法に基づき求めよ。

練習 3.2 $\int_{0}^{\frac{\pi}{2}} \cos x \, dx$ を区分求積法の考え方で,次の順序で計算せよ。

(1) 積分区間 $\left[0, \frac{\pi}{2}\right]$ を n 等分し,次の積和

$$S_n = \sum_{k=1}^{n} \cos x_k \Delta x$$

を定義する。$x_0 = 0, x_n = \pi/2$ として,左から k 番目の分割点 x_k と分割幅 Δx を求めよ。

(2) 三角関数の和積公式 $\sin A - \sin B = 2\cos\dfrac{A+B}{2}\sin\dfrac{A-B}{2}$ を用いて，S_n を求めよ．

(3) $n \to \infty$ として，定積分 $\displaystyle\int_0^{\frac{\pi}{2}} \cos x\, dx$ を求めよ．

3.2　リーマン積分の導入

　この節では，前節で考察した区分求積法の考え方を発展させて，定積分を定義する．

　ここで定義する定積分は，発見者の名前を冠して**リーマン積分**ともいい，また，単に積分ともいう．

　積分はもともと**曲線の囲む面積**を求めるための道具ではあるが，一般には，有界閉区間 $I = [a, b]$ 上で必ずしも $f(x) \geqq 0$ ではないとする．リーマン積分の本来の定義では，いろいろな関数に対応するため，分割幅は 3.1 節のように必ずしも等しくはとらない．しかしながら，本書で扱う「タチの悪くない」関数では等分割で十分である．また，本書では**リーマン和**の極限としてではなく，**ダルブー和**の極限としてリーマン積分を定義する．

　区間 $I = [a, b]$ を n 等分した各点を

$$x_k = a + \frac{b-a}{n}k \ (0 \leqq k \leqq n)$$

とする．

$$a = x_0 < x_1 < \cdots < x_{n-1} < x_n = b \tag{3.6}$$

分割幅を Δx とすると

$$x_k = a + k\Delta x, \qquad \Delta x = \frac{b-a}{n} \ (1 \leqq k \leqq n)$$

である（図 **3.2**）．

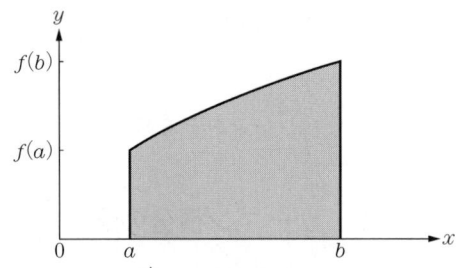

$f(x) \geqq 0$ のとき，$\int_a^b f(x)dx$ は網掛け部分の面積に等しい．

図 3.2 積分と面積の関係

定義 3.1 （リーマン積分） $a < b$ とする．区間 $I = [a, b]$ を式 (3.6) のように n 等分し，$I_k = [x_{k-1}, x_k]$ とおく．関数 $f : I \longrightarrow \mathbb{R}$ の区間 I_k における最大値を M_k，最小値を m_k とするとき，次の 2 種類のダルブー和

$$S_n(f) := \sum_{k=1}^n M_k \Delta x$$

$$s_n(f) := \sum_{k=1}^n m_k \Delta x$$

をそれぞれ，f の I の分割 Δ に対する**過剰和**，**不足和**という．過剰和，不足和が同じ値に収束するとき，すなわち

$$\lim_{n \to \infty} S_n(f) = \lim_{n \to \infty} s_n(f) = J$$

が成り立つとき，関数 f は I 上可積分であるという．また，この極限値 J を f の I 上での定積分といい

$$\begin{aligned} J &= \int_I f \\ &= \int_I f(x)dx \\ &= \int_a^b f(x)dx \end{aligned}$$

と記す．

もし，$a = b$ のときは

$$\int_a^a f(x)dx = 0 \tag{3.7}$$

とし，$b > a$ のときは，$I = [b,a]$ として

$$\int_a^b f(x)dx = -\int_I f$$
$$= -\int_b^a f(x)dx \tag{3.8}$$

と，積分に向きをつけて定義する。

例題 3.3 定数関数 $f(x) = c$ は，任意の有界閉区間 $I = [a,b]$ 上で可積分であることを示し，定積分の値を求めよ．

解答例 I の任意の n 等分割 Δ に対し，$M_k = m_k = c \ (1 \leqq k \leqq n)$ であるから

$$S_n(f) = s_n(f) = \sum_{k=0}^{n} c\Delta x = c(b-a) \tag{3.9}$$

となるから，I 上で可積分である．また，式 (3.9) は n によらない定数であるから

$$\int_a^b c\,dx = c(b-a)$$

を得る． ◆

有界閉区間上で可積分な関数の例として，単調増加（減少）関数がある．

定理 3.1（単調関数の可積分性） 関数 $f : I \longrightarrow \mathbb{R}$ が I 上単調増加（減少）のとき，f は I 上可積分である．

証明 f は I 上単調増加とする（単調減少のときも同様に証明できる）．このとき，$M_k = f(x_k), m_k = f(x_{k-1}) \ (1 \leqq k \leqq n)$ であるから

$$S_n(f) = \sum_{k=1}^{n} f(x_k)\Delta x$$

$$= (f(x_1) + \cdots + f(x_{n-1}) + f(x_n))\Delta x$$
$$s_n(f) = \sum_{k=1}^{n} f(x_{k-1})\Delta x$$
$$= (f(x_0) + f(x_1) + \cdots + f(x_{n-1}))\Delta x$$

よって

$$S_n(f) - s_n(f) = (f(x_n) - f(x_0))\Delta x$$
$$= (f(b) - f(a))\Delta x \to 0 \quad (n \to \infty)$$

となるから，f は I 上可積分である。 □

また，定積分について，次の定理 3.2 が成り立つ。

定理 3.2 関数 f, g が有界閉区間 $[a, b]$ 上等で可積分のとき，次の諸性質が成り立つ。

(1) 積分の線形性
$$\int_a^b (pf(x) + qg(x))dx = p\int_a^b f(x)dx + q\int_a^b g(x)dx$$

(2) 区間に対する加法性
$$\int_a^b f(x)dx + \int_b^c f(x)dx = \int_a^c f(x)dx$$

(3) 積分の単調性

$f(x) \leqq g(x)$ のとき
$$\int_a^b f(x)dx \leqq \int_a^b g(x)dx$$

証明 省略する。 □

例題 3.4 定積分 $\int_a^b e^x dx$ の値を求めよ。

解答例 $f(x) = e^x$ は $I = [a, b]$ 上単調増加である（$a \leqq b$ の場合。$a > b$ の場合は $[b, a]$ 上単調増加である。）から，定理 3.1 より I 上可積分である。I を n 等分して，その分割点を $a = x_0 < x_1 < \cdots < x_n = b$ とおくと

$$f(x_k) = e^{x_k} = e^{a+k\Delta x}$$

である。よって不足和は

$$s_n(f) = \sum_{k=0}^{n-1} e^{a+k\Delta x} \Delta x$$

$$= \frac{e^a(e^{n\Delta x} - 1)}{e^{\Delta x} - 1} \Delta x$$

$$= (e^b - e^a)\frac{\Delta x}{e^{\Delta x} - 1}$$

である。ここで，$e^b = f(x_n) = e^{a+n\Delta x}$ を用いた。$n \to 0$ とすると $\Delta x \to 0$ であり，補題 2.9(4) を用いると

$$\int_a^b e^x dx = \lim_{\Delta x \to 0} s_n(f)$$
$$= e^b - e^a$$

を得る。 ◆

練習 3.3 定積分 $\int_a^b x dx$ の値を求めよ。

3.3 微分積分学の基本定理

この節では，リーマン和の極限としての積分が，ある条件の下で微分のいわば逆演算とみなせることを説明する。そのためにいくつかの基本用語を定義しよう。

定義 3.2 (原始関数) 関数 f, F が $\mathbb{R}$ の区間 I 上で定義されているとする。このとき，I 上で f が F の導関数である，すなわち，I 上すべての x に対して $F'(x) = f(x)$ が成り立つとき，F は f の**原始関数**という。

例 3.1 $f(x) = x^2$ に対して $F(x) = x^3/3$ は f の原始関数である。また，$F_1(x) = (x^3/3) + 1$ も $F_1' = f$ であるから f の原始関数である。一般に F が f の原始関数であるとき，$F + C$ （C は定数）も f の原始関数となる。

例 3.2 $(\log x)' = 1/x$ であるので,$F(x) = \log x$ は $f(x) = 1/x$ の $x > 0$ における原始関数である。また,$x < 0$ のときは,$(\log(-x))' = 1/x$ であるから,$F(-x) = \log(-x)$ は $f(x)$ の $x < 0$ における原始関数である。まとめて,$\log|x|$ は $f(x)$ の $x \neq 0$ における原始関数である。

定義 3.3(**不定積分**) $F'(x) = f(x)$ のとき,$f(x)$ の任意の原始関数は

$$F(x) + C \tag{3.10}$$

の形で表される。この表示を $f(x)$ の**不定積分**といい

$$\int f(x)dx$$

と記す。また,式 (3.10) の定数 C を**積分定数**という。

注意 3.1 不定積分の「本来の」定義は次のとおりである。関数 $f: I \longrightarrow \mathbb{R}$ が I 上可積分のとき,積分の下端 $a \in I$ を一つ固定して,積分の上端 $x \in I$ を変数とする次の関数を f の不定積分という。

$$S(x) = \int_a^x f(t)dt \tag{3.11}$$

定理 3.3(**微分積分学の基本定理**) 関数 $f: I \longrightarrow \mathbb{R}$ が I 上単調連続関数であり,F を f の I における原始関数とする。このとき次の関係式が成り立つ。

$$\int_a^b f(t)dt = F(b) - F(a)$$
$$=: [F(x)]_a^b {}^\dagger$$

---

† 「A=: B」,「B:= A」は「A で B を定義する」と読む。

証明 f が I 上単調増加とする（単調減少のときも同様に示せる）。$S(x) = \int_a^x f(t)dt$†とおいて，$S'(x) = f(x)$ を示す。定理 3.2(2) を用いて

$$S(x+h) - S(x) = \int_a^{x+h} f(t)dt - \int_a^x f(t)dt = \int_x^{x+h} f(t)dt$$

であるから，$h > 0$ のとき，定理 3.2(3) により

$$hf(x) \leqq S(x+h) - S(x) \leqq hf(x+h) \tag{3.12}$$

が成り立つ（図 **3.3**）。

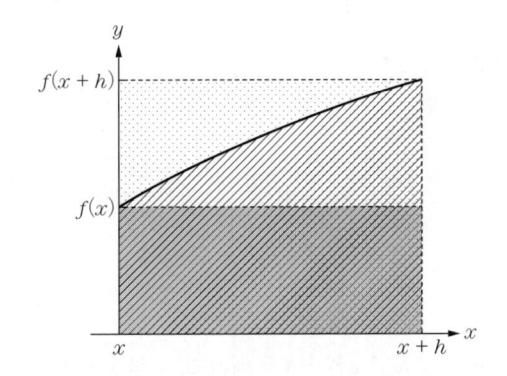

図 3.3 式 (3.12) の関係図

$$f(x) \leqq \frac{S(x+h) - S(x)}{h} \leqq f(x+h)$$

とはさみうちの原理（定理 2.5）より

$$\lim_{h \to +0} \frac{S(x+h) - S(x)}{h} = f(x) \tag{3.13}$$

が成り立つ。$h < 0$ のときも式 (3.12) が成り立つので

$$f(x+h) \leqq \frac{S(x+h) - S(x)}{h} \leqq f(x)$$

---

† $S(x)$ は $a < x$, I 上で $f(x) \geqq 0$ のとき，$y = f(x)$ のグラフと x 軸，直線 $x = a$, $x = b$ で囲まれた部分の面積に等しい。よって $S(x)$ を**面積関数**ということがある。

とはさみうちの原理より

$$\lim_{h \to -0} \frac{S(x+h) - S(x)}{h} = f(x) \tag{3.14}$$

が成り立つ。式 (3.13), 式 (3.14) より, $S'(x) = f(x)$ が成り立つ。

S と F はともに I における f の原始関数であるから

$$S(x) = F(x) + C \tag{3.15}$$

と書ける。定義により $S(a) = 0$ だから

$$C = S(a) - F(a) = -F(a)$$

これを式 (3.15) に代入して

$$S(x) = F(x) - F(a)$$

よって

$$\int_a^b f(t)dt = S(b) = F(b) - F(a)$$

が成り立つ。 □

注意 3.2 $I = [a,b]$ 上で $a \leqq x \leqq c$ で単調増加, $c \leqq x \leqq b$ で単調減少のように区分的に単調で連続な関数の場合, 定理 3.2(2) により定理 3.3 が成り立つ。

注意 3.3 定理 3.3 における関数 f の条件のうち, 単調性は不要である。つまり, 定理 3.3 は連続関数 f について成り立っている。このことは以下の定理 3.5 の証明等にも用いている。

微分積分学の基本定理によれば, **定積分** $\int_a^b f(x)dx$ を求めるには, f の $[a,b]$ における原始関数 F が知れればよい。また, 第 2 章で初等関数の導関数を求めたが, これは見方を変えれば, われわれはすでに多くの原始関数の公式を知っていることを意味する。これにより, 多くの積分の計算が, 定義までさかのぼらずに実行できるのである。

定理 3.4 表 3.1 に示す原始関数の公式が成り立つ。

| 証明 | 原始関数を直接微分することにより確かめられる。 □

表 3.1 原始関数の公式

	$f(x)$	$\int f(x)dx$
(1)	$x^\alpha \ (\alpha \neq -1)$	$\dfrac{1}{\alpha+1}x^{\alpha+1}$
(2)	$\dfrac{1}{x}$	$\log|x|$
(3)	$\dfrac{1}{x^2+a^2}$	$\dfrac{1}{a}\tan^{-1}\dfrac{x}{a}$
(4)	$\dfrac{1}{x^2-a^2}$	$\dfrac{1}{2a}\log\left|\dfrac{x-a}{x+a}\right|$
(5)	$\dfrac{1}{\sqrt{a^2-x^2}}$	$\sin^{-1}\dfrac{x}{a}$
(6)	$\dfrac{1}{\sqrt{x^2+b}}$	$\log|x+\sqrt{x^2+b}|$
(7)	$\sqrt{a^2-x^2}$	$\dfrac{1}{2}\left(x\sqrt{a^2-x^2}+a^2\sin^{-1}\dfrac{x}{a}\right)$
(8)	$\sqrt{x^2+b}$	$\dfrac{1}{2}(x\sqrt{x^2+b}+b\log|x+\sqrt{x^2+b}|)$
(9)	$\sin x$	$-\cos x$
(10)	$\cos x$	$\sin x$
(11)	$\tan x$	$-\log|\cos x|$
(12)	$\dfrac{1}{\cos^2 x}$	$\tan x$
(13)	$\sin^{-1} x$	$x\sin^{-1}x+\sqrt{1-x^2}$
(14)	$\tan^{-1} x$	$x\tan^{-1}x-\dfrac{1}{2}\log(1+x^2)$
(15)	e^x	e^x
(16)	$\log x$	$x\log x - x$

注) a, b は定数で $a > 0, b \in \mathbb{R}$ となる。積分定数の $+C$ は省略した。

3.4 積分変換公式と部分積分公式

以下では，積分計算のために有用な二つの方法について述べる。

定理 3.5 （積分変換公式） 関数 $f : I = [a, b] \longrightarrow \mathbb{R}$ が I 上連続，関数 $\varphi : J = [\alpha, \beta] \to \mathbb{R}$ が J 上微分可能かつ $\varphi(\alpha) = a, \varphi(\beta) = b$，$\varphi'$ は J 上有界かつ可積分とする．このとき

$$\int_a^b f(x)dx = \int_\alpha^\beta f(\varphi(t))\varphi'(t)dt$$

が成り立つ．

証明 定理 3.3 より，f の不定積分 $G(x) = \displaystyle\int_a^x f(t)dt$ は微分可能であり，$G'(x) = f(x)$ が成り立つ．ここで合成関数の微分法（命題 2.12）により

$$(G \circ \varphi)'(t) = G'(\varphi(t))\varphi'(t)$$
$$= f(\varphi(t))\varphi'(t)$$

が成り立つ．φ は微分可能だから連続，よって，$f(\varphi(t))$ も連続だから J 上可積分である．また，φ' も J 上可積分だから，積の可積分性により，$f(\varphi(t))\varphi'(t)$ も J 上可積分である．よって，定理 3.3(2) を用いて

$$\int_\alpha^\beta f(\varphi(t))\varphi'(t)dt = \int_\alpha^\beta (G \circ \varphi)'(t)dt$$
$$= [(G \circ \varphi)(t)]_\alpha^\beta$$
$$= G(\varphi(\beta)) - G(\varphi(\alpha))$$
$$= G(b) - G(a)$$
$$= \int_a^b f(x)dx$$

を得る． □

注意 3.4 この公式は，$x = \varphi(t), dx = \varphi'(t)dt$ と形式的に置き換えることによって自動的に得られる．これがライプニッツの記法の利点である．

例題 3.5 定積分 $I = \displaystyle\int_0^{\frac{\pi}{2}} \frac{\cos x}{1 + \sin x}dx$ を求めよ．

解答例 $\sin x = t$ とおくと，積分区間は $\left[0, \dfrac{\pi}{2}\right] \longrightarrow [0, 1]$ と変換され $dt = \cos x dx$ であるから

$$I = \int_0^1 \frac{dt}{1+t}$$
$$= [\log(1+t)]_0^1$$
$$= \log 2$$

を得る。 ◆

練習 3.4 次の関数の原始関数を求めよ。

(1) $(3x+4)^5$

(2) $\sin(2x-3)$

練習 3.5 表 3.1 (3), (5) を積分変換公式（定理 3.5）を用いて証明せよ。

定理 3.6 （部分積分公式） 関数 $f, g, f', g' : I = [a, b] \longrightarrow \mathbb{R}$ が I 上可積分のとき
$$\int_a^b f'(x)g(x)dx = [f(x)g(x)]_a^b - \int_a^b f(x)g'(x)dx$$
が成り立つ。

証明 積の微分法（命題 2.11 (3), ライプニッツ・ルール）により
$$(fg)'(x) = f'(x)g(x) + f(x)g'(x)$$
が成り立つ。仮定により，$f'g, fg'$ ともに I 上可積分であるから，両辺を I で積分することにより題意を得る。 □

例題 3.6 表 3.1 (16) を部分積分公式（定理 3.6）を用いて証明せよ。

解答例 $I = \int \log x\, dx = \int (x)' \log x\, dx$ を部分積分して
$$I = x\log x - \int x(\log x)' dx$$
$$= x\log x - \int x\frac{1}{x}dx$$
$$= x\log x - x + C$$

を得る。　　　　　　　　　　　　　　　　　　　　　　　　　◆

例題 3.7 $I_n = \int_0^{\frac{\pi}{2}} \sin^n x\, dx \ (n \geq 0)$ を求めよ。

解答例 $n \geq 2$ とすれば

$$I_n = \int_0^{\frac{\pi}{2}} (-\cos x)' \sin^{n-1} x\, dx$$

$$= [-\cos x \sin^{n-1} x]_0^{\frac{\pi}{2}} + \int_0^{\frac{\pi}{2}} \cos x \cdot (n-1) \sin^{n-2} x \cos x\, dx$$

$$= (n-1) \int_0^{\frac{\pi}{2}} \sin^{n-2} x (1 - \sin^2 x)\, dx$$

$$= (n-1)(I_{n-2} - I_n)$$

が成り立つ。よって

$$I_n = \frac{n-1}{n} I_{n-2}$$

である。ここで，$I_0 = \pi/2, I_1 = 1$ であるから

$$I_{2n} = \frac{2n-1}{2n} \frac{2n-3}{2n-2} \cdots \frac{1}{2} \frac{\pi}{2}$$

$$= \frac{(2n-1)!!}{(2n)!!} \frac{\pi}{2}$$

$$I_{2n+1} = \frac{2n}{2n+1} \frac{2n-2}{2n-1} \cdots \frac{2}{3} \cdot 1$$

$$= \frac{(2n)!!}{(2n+1)!!}$$

を得る。ここで，$(2n)!! = (2n)(2n-2)\cdots 2, (2n-1)!! = (2n-1)(2n-3)\cdots 1$, $0!! = (-1)!! = 1$ である。　　　　　　　　　　　　　　　　　◆

練習 3.6 次の関数の原始関数を求めよ。

(1) $x \log x$

(2) $x \sin x$

練習 3.7 表 3.1 (7), (8), (13), (14) を部分積分公式と積分変換公式を用いて証明せよ。

3.5　不定積分の計算

初等関数は区分的単調連続関数だから，定理 3.1，定理 3.3 により，その不定積分または原始関数は，その存在が保証されている．しかし，それが再び初等関数で表されるとは限らない．この節では，初等関数の不定積分が再び初等関数で表されるものについて，いくつかの場合に分けて，その計算方法を説明する．

3.5.1　有理関数

有理関数とは，$R(x) = f(x)/g(x)$（f, g は多項式関数）の形で表される関数である．多項式 f の次数を $\deg f$ で表すとして，もし，$\deg f \geqq \deg g$ であれば，割り算を実行することにより，R は多項式と分子の次数のほうが小さい真分数式との和に書ける．多項式の不定積分は簡単に実行できるから，以後，$\deg f < \deg g$ として議論を進める．

実係数有理関数は，実係数の範囲内で次のように**部分分数展開**される．

命題 3.7　実係数有理関数 $R(x) = f(x)/g(x)$ ($\deg f < \deg g$) で，$g(x) = 0$ の相異なる実根が a_j $(1 \leqq j \leqq k)$ でその重複度が m_j，相異なる虚根が $b_j \pm ic_j$ $(1 \leqq j \leqq l, c_j \neq 0)$ でその重複度が n_j，すなわち

$$g(x) = \prod_{j=1}^{k}(x - a_j)^{m_j} \prod_{j=1}^{l}\{(x - b_j)^2 + c_j^2\}^{n_j} \tag{3.16}$$

であるとき，$R(x)$ は適当な実数 A_{jp}, B_{jp}, C_{jp} を用いて次のように部分分数展開できる．

$$R(x) = \sum_{j=1}^{k}\sum_{p=1}^{m_j}\frac{A_{jp}}{(x-a_j)^p} + \sum_{j=1}^{l}\sum_{p=1}^{n_j}\frac{B_{jp}x + C_{jp}}{\{(x-b_j)^2 + c_j^2\}^p} \tag{3.17}$$

証明　省略する．　□

注意 3.5 実係数 n 次方程式は，重複度もこめて n 個の根をもつことが知られている（代数学の基本定理）．また，もしその根が実数でなければ，共役複素数の対が重複度もこめて存在する．一方で n 次方程式は $n \geqq 5$ のとき，根の公式が存在しない．したがって $g(x)$ の具体形によっては，式 (3.16) のような因数分解がみつからないこともあり得る．本書では有理関数の分母が因数分解できる場合のみを扱う．

命題 3.7 の証明を省略する代わりに，部分分数展開の具体例を以下に挙げる．

例 3.3 $g(x) = (x-a)(x-b)(x-c)$, $\deg f \leqq 2$ のとき
$$\frac{f(x)}{(x-a)(x-b)(x-c)} = \frac{A}{x-a} + \frac{B}{x-b} + \frac{C}{x-c}$$
が成り立つ．

例 3.4 $g(x) = (x-a)^3(x-b)^2(x-c)$, $\deg f \leqq 5$ のとき
$$\frac{f(x)}{(x-a)^3(x-b)^2(x-c)} = \frac{A_3}{(x-a)^3} + \frac{A_2}{(x-a)^2} + \frac{A_1}{x-a}$$
$$+ \frac{B_2}{(x-b)^2} + \frac{B_1}{x-b} + \frac{C}{x-c}$$
が成り立つ．

例 3.5 $g(x) = (x-a)((x-b)^2 + c^2)$, $\deg f \leqq 2$ のとき
$$\frac{f(x)}{(x-a)((x-b)^2 + c^2)} = \frac{A}{x-a} + \frac{B(x-b) + C}{(x-b)^2 + c^2}$$
が成り立つ．

例 3.6 $g(x) = (x-a)^3((x-b)^2 + c^2)^2$, $\deg f \leqq 6$ のとき
$$\frac{f(x)}{(x-a)^3((x-b)^2+c^2)^2} = \frac{A_3}{(x-a)^3} + \frac{A_2}{(x-a)^2} + \frac{A_1}{x-a}$$
$$+ \frac{B_2(x-b) + C_2}{((x-b)^2+c^2)^2} + \frac{B_1(x-b) + C_1}{(x-b)^2+c^2}$$

が成り立つ。

命題 3.7 により，有理関数の不定積分は次の形の不定積分に帰着される。

命題 3.8 $n \in \mathbb{N}, a, b \in \mathbb{R}, b \neq 0$ のとき，次の不定積分の公式が成り立つ。

(1) $\displaystyle\int \frac{dx}{(x-a)^n} = \begin{cases} -\dfrac{1}{(n-1)(x-a)^{n-1}} & (n > 1) \\ \log|x-a| & (n = 1) \end{cases}$

(2) $\displaystyle\int \frac{x}{(x^2+b^2)^n} dx = \begin{cases} -\dfrac{1}{2(n-1)(x^2+b^2)^{n-1}} & (n > 1) \\ \dfrac{1}{2}\log(x^2+b^2) & (n = 1) \end{cases}$

(3) $I_n = \displaystyle\int \frac{dx}{(x^2+b^2)^n}$ とおくと

$$I_n = \begin{cases} \dfrac{1}{b^2}\left\{\dfrac{x}{2(n-1)(x^2+b^2)^{n-1}} + \dfrac{2n-3}{2(n-1)}I_{n-1}\right\} & (n > 1) \\ \dfrac{1}{b}\tan^{-1}\dfrac{x}{b} & (n = 1) \end{cases}$$

証明 (1), (2) は右辺を微分することにより明らか。(3) は，$n > 1$ のとき，部分積分を実行することにより

$$\begin{aligned} I_{n-1} &= \frac{x}{(x^2+b^2)^{n-1}} + \int \frac{x(n-1)2x}{(x^2+b^2)^n} dx \\ &= \frac{x}{(x^2+b^2)^{n-1}} + 2(n-1)\int \frac{(x^2+b^2)-b^2}{(x^2+b^2)^n} dx \\ &= \frac{x}{(x^2+b^2)^{n-1}} + 2(n-1)(I_{n-1} - b^2 I_n) \end{aligned}$$

であるから，I_n について解いて，$n > 1$ の場合の漸化式を得る。また，$n = 1$ の場合の表式は，右辺を微分することにより確かめられる。 □

命題 3.9 有理関数の不定積分は，有理関数，対数関数，および逆正接関

数で表される。

証明 命題 3.7, 命題 3.8 により明らか。 □

例題 3.8 表 3.1 (4) を証明せよ。

証明 $x^2 - a^2 = (x-a)(x+a)$ より
$$\frac{1}{x^2 - a^2} = \frac{A}{x-a} + \frac{B}{x+a}$$
と部分分数展開できる。両辺に $x^2 - a^2$ を掛けて
$$1 = A(x+a) + B(x-a)$$
$$= (A+B)x + (A-B)a$$
係数比較より, $A+B=0, (A-B)a = 1$ を得る。これを解いて
$$A = \frac{1}{2a}, \qquad B = -\frac{1}{2a}$$
となる。よって
$$\int \frac{dx}{x^2 - a^2} = \frac{1}{2a} \int \left(\frac{1}{x-a} - \frac{1}{x+a} \right) dx$$
$$= \frac{1}{2a} (\log|x-a| - \log|x+a|) + C$$
$$= \frac{1}{2a} \log \left| \frac{x-a}{x+a} \right| + C$$
を得る。 □

例題 3.9 次の関数の原始関数を求めよ。
(1) $\dfrac{x^2+1}{(x-1)^2(x-2)}$
(2) $\dfrac{1}{x^4-1}$

解答例
(1) まず

$$\frac{x^2+1}{(x-1)^2(x-2)} = \frac{A}{(x-1)^2} + \frac{B}{x-1} + \frac{C}{x-2}$$

とおく。両辺の分母を払うと

$$x^2 + 1 = A(x-2) + B(x-1)(x-2) + C(x-1)^2 \tag{3.18}$$

である。式 (3.18) で $x=1$ を代入して，$-A = 2$ より $A = -2$ である。これを式 (3.18) に代入して

$$x^2 + 1 + 2(x-2) = B(x-1)(x-2) + C(x-1)^2$$

この式の左辺は $x^2 + 2x - 3 = (x-1)(x+3)$ と因数分解されるから，両辺を $x-1$ で割って

$$x + 3 = B(x-2) + C(x-1) \tag{3.19}$$

式 (3.19) に $x=1, x=2$ を代入することにより，$B = -4, C = 5$ を得る。これにより

$$\frac{x^2+1}{(x-1)^2(x-2)} = -\frac{2}{(x-1)^2} - \frac{4}{x-1} + \frac{5}{x-2}$$

である。よって，命題 3.8 の結果を使って

$$\int \frac{x^2+1}{(x-1)^2(x-2)} dx = \int \left(-\frac{2}{(x-1)^2} - \frac{4}{x-1} + \frac{5}{x-2} \right) dx$$
$$= \frac{2}{x-1} - 4\log|x-1| + 5\log|x-2| + C$$

を得る。

(2) まず

$$\frac{1}{x^4-1} = \frac{A}{x-1} + \frac{B}{x+1} + \frac{Cx+D}{x^2+1}$$

とおいて，分母を払うと

$$1 = A(x+1)(x^2+1) + B(x-1)(x^2+1) + (Cx+D)(x-1)(x+1)$$

$x = \pm 1$ を代入して

$$A = \frac{1}{4}, \qquad B = -\frac{1}{4}$$

を得る。A, B の掛かった項を移項して

$$1 - \frac{1}{2}(x^2 + 1) = (Cx + D)(x^2 - 1)$$

両辺を $x^2 - 1$ で割って

$$-\frac{1}{2} = Cx + D$$

すなわち

$$C = 0, \quad D = -\frac{1}{2}$$

を得る。よって

$$\int \frac{dx}{x^4 - 1} = \frac{1}{4} \int \left(\frac{1}{x-1} - \frac{1}{x+1} - \frac{2}{x^2+1} \right) dx$$
$$= \frac{1}{4} \log \left| \frac{x-1}{x+1} \right| - \frac{1}{2} \tan^{-1} x + C$$

を得る。 ◆

3.5.2 三角関数の有理式

ここでは，三角関数の有理式の不定積分について考察する。

命題 3.10 $R(p, q)$ が，p, q の有理関数であるとき，$\tan(x/2) = t$ と変数変換することにより

$$\int R(\cos x, \sin x) dx = \int R\left(\frac{1-t^2}{1+t^2}, \frac{2t}{1+t^2} \right) \frac{2dt}{1+t^2}$$

となって，**三角関数の有理式の不定積分**は有理関数の不定積分に帰着する。

証明 $x = 2\tan^{-1} t$ であるから，$dx = \dfrac{2dt}{1+t^2}$ を得る。また，三角関数の加法定理により

$$\tan x = \frac{2\tan(x/2)}{1 - \tan^2(x/2)} = \frac{2t}{1 - t^2}$$
$$\cos x = 2\cos^2 \frac{x}{2} - 1 = \frac{2}{1+t^2} - 1 = \frac{1-t^2}{1+t^2}$$
$$\sin x = \cos x \tan x = \frac{1-t^2}{1+t^2} \frac{2t}{1-t^2} = \frac{2t}{1+t^2}$$

であるから，題意を得る。 □

例題 3.10 次の関数の原始関数を求めよ．
(1) $\dfrac{1}{\sin x}$
(2) $\dfrac{1}{\cos x}$

解答例

(1) $t = \tan(x/2)$ とおくと

$$\int \frac{dx}{\sin x} = \int \frac{1+t^2}{2t} \frac{2dt}{1+t^2}$$
$$= \int \frac{dt}{t}$$
$$= \log |t| + C$$
$$= \log \left| \tan \frac{x}{2} \right| + C$$
$$= \log \left| \frac{2\sin(x/2)\cos(x/2)}{2\cos^2(x/2)} \right| + C$$
$$= \log \left| \frac{\sin x}{1+\cos x} \right| + C$$

を得る．最後の等号では，三角関数の倍角公式，半角公式を用いた．

(2) ここでも $t = \tan(x/2)$ とおくと

$$\int \frac{dx}{\cos x} = \int \frac{1+t^2}{1-t^2} \frac{2dt}{1+t^2}$$
$$= \int \left(\frac{1}{1-t} + \frac{1}{1+t} \right) dt$$
$$= \log \left| \frac{1+t}{1-t} \right| + C$$
$$= \log \left| \frac{\cos(x/2) + \sin(x/2)}{\cos(x/2) - \sin(x/2)} \right| + C$$
$$= \log \left| \frac{(\cos(x/2) + \sin(x/2))(\cos(x/2) - \sin(x/2))}{(\cos(x/2) - \sin(x/2))^2} \right| + C$$
$$= \log \left| \frac{\cos^2(x/2) - \sin^2(x/2)}{1 - 2\sin(x/2)\cos(x/2)} \right| + C$$
$$= \log \left| \frac{\cos x}{1 - \sin x} \right| + C$$

を得る。 ◆

練習 3.8 三角関数の有理関数の不定積分は，命題 3.10 の方法でつねに有理化できるが，別の変数変換を使うほうが計算が簡易化される場合がある。表 3.1 (11) について，次の問に答えよ。

(1) $t = \cos x$ とおいて $\tan x$ の原始関数を求めよ。
(2) $t = \tan x$ とおいて $\tan x$ の原始関数を求めよ。
(3) $t = \tan(x/2)$ とおいて $\tan x$ の原始関数を求めよ。

3.5.3 二次無理関数

ここでは，**二次無理関数**を含む有理式の不定積分について考察する。

命題 3.11 $R(p, q)$ が p, q の実係数有理関数のとき

$$R(x, \sqrt{ax^2 + bx + c}) \quad (a, b, c \in \mathbb{R}, a \neq 0)$$

の不定積分は，有理関数の積分に帰着する。

証明 $D = b^2 - 4ac$ とおくと，$D = 0$ なら

$$\sqrt{ax^2 + bx + c} = \sqrt{a}\left(x + \frac{b}{2a}\right)$$

なので，$R(x, \sqrt{ax^2 + bx + c})$ は x の有理式であり，命題 3.8 に帰着される。

$a \neq 0, D \neq 0$ とすると，a と D の正負で 4 通りの場合がある。このうち $a < 0$ かつ $D < 0$ とすると，すべての x に対して

$$ax^2 + bx + c < 0$$

なので，$\sqrt{ax^2 + bx + c}$ は純虚数であり，本書の扱う範囲外である。

よって以下
(1) $a > 0, D \neq 0$ のとき
(2) $a < 0, D > 0$ のとき
の二つの場合に分けて考える。

(1) のとき，$\sqrt{a}x + \sqrt{ax^2 + bx + c} = t$ とおくと

$$ax^2 + bx + c = (t - \sqrt{a}x)^2$$
$$= t^2 - 2\sqrt{a}tx + ax^2$$

よって
$$x = \frac{t^2 - c}{b + 2\sqrt{a}t}$$

また
$$\sqrt{ax^2 + bx + c} = t - \sqrt{a}x$$
$$= \frac{\sqrt{a}t^2 + bt + \sqrt{a}c}{b + 2\sqrt{a}t}$$

である。よって
$$\int R(x, \sqrt{ax^2 + bx + c})dx$$
$$= \int R\left(\frac{t^2 - c}{b + 2\sqrt{a}t}, \frac{\sqrt{a}t^2 + bt + \sqrt{a}c}{b + 2\sqrt{a}t}\right)\left(\frac{t^2 - c}{b + 2\sqrt{a}t}\right)' dt$$

となり，t に関する有理関数の積分に帰着する．

(2) のとき
$$\sqrt{\frac{|a|(\beta - x)}{x - \alpha}} = t \quad (\alpha < \beta \text{は } ax^2 + bx + c = 0 \text{ の 2 根})$$

とおくと
$$x = \frac{\alpha t^2 + |a|\beta}{t^2 + |a|}$$
$$= \alpha + \frac{a(\alpha - \beta)}{t^2 - a}$$

ここで，$|a| = -a$ に注意せよ．さらに
$$\sqrt{ax^2 + bx + c} = \sqrt{|a|(x - \alpha)(\beta - x)}$$
$$= (x - \alpha)t$$
$$= \frac{a(\alpha - \beta)t}{t^2 - a}$$

が成り立つ．よって
$$\int R(x, \sqrt{ax^2 + bx + c})dx$$

$$= \int R\left(\frac{\alpha t^2 - a\beta}{t^2 - a}, \frac{a(\alpha - \beta)t}{t^2 - a}\right)\left(\frac{a(\alpha - \beta)}{t^2 - a}\right)' dt$$

となり，t に関する有理関数の積分に帰着する。 □

例題 3.11 表 3.1 (6) を証明せよ。

証明 $t = x + \sqrt{x^2 + b}$ とおくと，$(t - x)^2 = x^2 + b$ より

$$x = \frac{t^2 - b}{2t}$$
$$= \frac{1}{2}\left(t - \frac{b}{t}\right)$$

さらに

$$\sqrt{x^2 + b} = t - x$$
$$= t - \frac{1}{2}\left(t - \frac{b}{t}\right)$$
$$= \frac{1}{2}\left(t + \frac{b}{t}\right)$$

$$dx = \frac{1}{2}\left(t - \frac{b}{t}\right)' dt$$
$$= \frac{1}{2}\left(1 + \frac{b}{t^2}\right) dt$$

である。よって

$$\int \frac{dx}{\sqrt{x^2 + b}} = \int \frac{1/2\left(1 + (b/t^2)\right) dt}{1/2\left(t + (b/t)\right)}$$
$$= \int \frac{dt}{t}$$
$$= \log|t| + C$$
$$= \log|x + \sqrt{x^2 + b}| + C$$

を得る。よって，表 3.1 (6) は証明された。 □

練習 3.9 $\dfrac{1}{\sqrt{a^2 - x^2}}$ の関数の原始関数を命題 3.11 の方法で求め，表 3.1 (5) と比較せよ。

章 末 問 題

【1】次の数列

$$S_n = \frac{1}{n+1} + \frac{1}{n+2} + \cdots + \frac{1}{n+n}$$

について，次の問に答えよ．

(1) この数列は，ある関数のある区間における過剰和または不足和とみなすことができる．どんな関数のどの区間か答えよ．

(2) (1)を利用して，数列 $\{S_n\}$ の極限値を求めよ．

【2】次の定積分を求めよ．

(1) $\displaystyle\int_0^1 e^{3x} dx$

(2) $\displaystyle\int_0^{\frac{\pi}{2}} x \sin x \, dx$

(3) $\displaystyle\int_0^1 \sin^{-1} x \, dx$

(4) $\displaystyle\int_0^3 \frac{dx}{\sqrt{x^2+16}}$

(5) $\displaystyle\int_0^{\frac{\pi}{2}} \frac{dx}{2+\cos x}$

(6) $\displaystyle\int_0^{\frac{\pi}{4}} \log(1+\tan x) dx$

【3】次の関数の原始関数のみたす漸化式を求めよ．

(1) $\tan^n x$

(2) $(\log x)^n$

(3) $(\sin^{-1} x)^n$

【4】逆余弦関数 $y = \cos^{-1} x$ について，次の問に答えよ．

(1) 曲線 $C : y = \cos^{-1} x$ に $x = \dfrac{1}{2}$ で接するような接線 l の方程式を求めよ．

(2) 接線 l（のうち $x \geqq 0$ の部分）と y 軸，および曲線 C のグラフで囲まれた部分の面積を求めよ．

| コーヒーブレイク |

区分求積法とアルキメデスの原理

3.1 節で紹介したアルキメデスの求積法は，現代の積分法の基となった区分求積法と本質的に同等である．このとき，アルキメデスが議論の出発点とした仮定は次のようなものである．

『どのような $a, b > 0$ に対しても，N 以上のすべての自然数 n に対し，$na > b$ を成り立たせるような自然数 N が存在する．』

この仮定は，アルキメデスの原理と呼ばれ，定理 2.2 を用いて証明できる．さて，アルキメデスの原理は「チリも積もれば山を越える」ことを主張している．正数 a がどんなに小さくても（チリ），b がどんなに大きくても（山），十分大きな n に対して，a を n 倍すれば（チリが積もれば）b を超える（山を越える）のである．

アルキメデスの原理で，$a = \varepsilon, b = 1$ としてみる．すると，十分大きい n に対し，$n\varepsilon > 1$ が成り立つから

$$0 < \frac{1}{n} < \varepsilon$$

である．これは例題 2.1 の別証を与える．

また，アルキメデスの原理で，$a = 1$ としてみると，十分大きい n に対し，$n > b$ が成り立つ．つまり，n はどんな正数 b より大きくなり得る．このことは

$$\lim_{n \to \infty} n = +\infty$$

を意味する．

4 微分積分法の応用

この章は微分積分法の応用というタイトルに反して，実際には微分積分法の理論的に重要な諸問題をいくつか取り扱う．ただし，中間値の定理と最大値・最小値の存在定理を含むいくつかの重要な定理については，証明を全部または一部省略した．本書の程度を大幅に上回ると考えたからである．これらの諸定理については直感的に納得してもらえると思うので，例題や練習などを通して慣れ親しんで欲しい．

4.1 平均値の定理

以下しばらく，I を長さが 0 でない有界閉区間，すなわち，$I = [a,b]$（ただし $a < b$）とする．また，閉区間 $I = [a,b]$ に対し，両端を除いた開区間 (a,b) のことを $\overset{\circ}{I}$ と記すことがある．

定理 4.1 (中間値の定理)　実数値関数 f が区間 $I = [a,b]$ で連続のとき，f は I で $f(a)$ と $f(b)$ の間の任意の実数 γ を値にとる．

証明　省略する．　□

例題 4.1　4 km の道のりを 12 分で走る長距離走の選手がいる．この選手はある連続する 1 km の区間をちょうど 3 分で走ることを，中間値の定理

を用いて示せ.

証明 この選手の走った道のりに沿って,x km から $(x+1)$ km までの連続する 1 km の区間を走るのに $f(x)$ 分かかったとする.ここで証明すべきなのは,$f(c) = 3$ をみたす c が区間 $[0, 3]$ に存在することである.条件により

$$f(0) + f(1) + f(2) + f(3) = 12 \tag{4.1}$$

が成り立つ.$f(0) = 3, f(1) = 3, f(2) = 3$ または $f(3) = 3$ のいずれかが成り立てば題意をみたす.

よって,$f(0) \neq 3, f(1) \neq 3, f(2) \neq 3, f(3) \neq 3$ であるとする.このとき式 (4.1) より,$f(0), f(1), f(2), f(3)$ のすべてが 3 より大きいことも,すべてが 3 より小さいこともあり得ない.

いま,$f(0) < 3$ とすると,$f(1), f(2), f(3)$ の少なくとも一つが 3 より大きい.すなわち,$f(b) > 3$ をみたす $b \in \{1, 2, 3\}$ が存在する.

$f(x)$ の定義より,$f(x)$ は連続関数であるから,中間値の定理により,$f(c) = 3$ をみたす $c \in (0, b)$ が存在する.$f(0) > 3$ の場合も同様である. □

練習 4.1 $f(x)$ を周期 2π の実数値連続関数とする.このとき,$f(c+\pi) = f(c)$ をみたす $c \in \mathbb{R}$ が存在することを示せ.

定理 4.2 (最大値・最小値の存在定理) $I = [a, b]$ 上の実数値連続関数 f は I で最大値および最小値をとる.

証明 省略する. □

注意 4.1 定理 4.2 は直感的には明らかで,高等学校時代から意識せずに使ってきたことと思う.例えば $f(x) = x^2 + x + 1$ の区間 $[-1, 1]$ での最大・最小を求める問題で,$f(x) = \left(x + \dfrac{1}{2}\right)^2 + \dfrac{3}{4}$ と平方完成し,最大値は $x = 1$ のとき 3,最小値は $x = -\dfrac{1}{2}$ のとき $\dfrac{3}{4}$ などと解いてきた.これが有界閉区間ではなく $(-1, 1)$ のような開区間になると,最大値は存在しないことになる.

定義 4.1 (極大・極小) 関数 $f : I \longrightarrow \mathbb{R}$ が $c \in I$ において極大 (極小)

であるとは、ある適当な正数 ε があって、$|x-c| < \varepsilon$ ならば $f(x) \leqq (\geqq) f(c)$ が成り立つことをいう。また、このとき $f(c)$ を f の極大 (小) 値という。f が c で極大または極小となることを f は c で**極値**をとるといい、c を**極値点**という。

定理 4.3 関数 $f : I = [a,b] \longrightarrow \mathbb{R}$ が $c \in (a,b)$ で極値をとり、c で微分可能ならば $f'(c) = 0$ である。

証明 f が $c \in (a,b)$ で極大値をとるとする (極小値の場合も同様である)。このとき、ある適当な正数 ε に対して $|x-c| < \varepsilon$ なら $f(x) \leqq f(c)$ である。よって、$|h| < \varepsilon$ に対して $f(c+h) - f(c) \leqq 0$ となる。ゆえに、$0 < h < \varepsilon$ のとき

$$\frac{f(c+h) - f(c)}{h} \leqq 0$$

より、$f'_+(c) \leqq 0$ となる。$-\varepsilon < h < 0$ のとき

$$\frac{f(c+h) - f(c)}{h} \geqq 0$$

より、$f'_-(c) \geqq 0$ となる。f は c で微分可能だから、$f'(c) = f'_+(c) = f'_-(c)$ でなければならない。よって、$f'(c) = 0$ を得る。 □

定理 4.4 (ロールの定理) 関数 f が $[a,b]$ で連続、(a,b) で微分可能であると仮定する。もし、$f(a) = f(b)$ であるならば $f'(c) = 0$ をみたす $c \in (a,b)$ が存在する。

証明 f が $[a,b]$ で定数の場合は明らかだから、f は $[a,b]$ で定数ではないとする。このとき、$f(x) \neq f(a)$ をみたす $x \in (a,b)$ が存在する。いま仮に $f(x) > f(a)$ とする ($f(x) < f(a)$ のときは、以下の議論で最大値を最小値に置き換えて、不等号の向きを逆にすればよい)。連続関数 f は有界閉区間 $[a,b]$ 内の点 c で最大値をとるが、$f(c) \geqq f(x) > f(a) = f(b)$ より、$c \neq a, b$、すなわち、$c \in (a,b)$ である。最大値は極大値でもあるから、定理 4.3 により、$f'(c) = 0$ となる。 □

定理 4.5 （ラグランジュの平均値の定理） 関数 f が $[a,b]$ で連続, (a,b) で微分可能であると仮定する。このとき

$$f'(c) = \frac{f(b)-f(a)}{b-a}$$

をみたす $c \in (a,b)$ が存在する。

証明 定理 4.6 の証明を参照のこと。 □

定理 4.6 （コーシーの平均値の定理） f, g が $[a,b]$ で連続, (a,b) で微分可能とする。$g(a) \neq g(b)$ かつ f' と g' は同時に 0 にならないとする。このとき

$$\frac{f(b)-f(a)}{g(b)-g(a)} = \frac{f'(c)}{g'(c)} \tag{4.2}$$

をみたす $c \in (a,b)$ が存在する。

証明 定理 4.6 で $g(x) = x$ とおけば, 定理 4.5 はこの平均値の定理の特別な形であることがわかる。よって, ここではコーシーの平均値の定理のみを証明する。

$$F(x) = \frac{f(b)-f(a)}{g(b)-g(a)}(g(x)-g(a)) - (f(x)-f(a))$$

とおくと, F は $[a,b]$ で連続, (a,b) で微分可能であり, かつ $F(a) = F(b) = 0$ となって, ロールの定理の仮定をみたす。よって

$$F'(c) = \frac{f(b)-f(a)}{g(b)-g(a)}g'(c) - f'(c) = 0 \tag{4.3}$$

をみたす $c \in (a,b)$ が存在する。式 (4.3) で, $g(a) \neq g(b)$ であるから, もし $g'(c) = 0$ なら $f'(c) = 0$ となって, f' と g' が同時に 0 にならないという仮定に反するから $g'(c) \neq 0$ が成り立つ。したがって, $g'(c)$ で式 (4.3) を割って, 式 (4.2) を得る。 □

例題 4.2 関数 $f(x) = \sqrt{x}$ と区間 $[1,9]$ に対して, ラグランジュの平均値

の定理における c の値を求めよ。

解答例 $f'(x) = \dfrac{1}{2\sqrt{x}}$ より

$$\frac{f(9) - f(1)}{9 - 1} = f'(c)$$

すなわち

$$\frac{3-1}{9-1} = \frac{1}{4} = \frac{1}{2\sqrt{c}}$$

を解いて, $c = 4$ (確かに $1 < c < 9$ をみたしている) を得る。 ◆

練習 4.2 関数 $f(x) = \log x$ と区間 $[1, e]$ に対して, ラグランジュの平均値の定理における c の値を求めよ。

定理 4.7 関数 $f : I \longrightarrow \mathbb{R}$ が I で微分可能であると仮定する。このとき, 次の (1) と (2) は同値である。
 (1) f は I 上で定数である。
 (2) I 上のすべての x に対し, $f'(x) = 0$ である。

証明 (1) を仮定すれば明らかに $f'(x) = 0$ となって (2) が従う。逆に (2) を仮定すれば, 1 点 $a \in I$ を固定し, a と $x \in I \setminus \{a\}$ とを両端とする閉区間に対して平均値の定理 4.5 を適用すれば

$$0 = f'(c) = \frac{f(x) - f(a)}{x - a}$$

をみたす c が a と x の間に存在する。よって, $f(x) = f(a)$ となり, x は任意だから f は I 上で定数関数となる。 □

系 4.8 (定理 4.7 の系) 関数 $f, g : I \longrightarrow \mathbb{R}$ が I で微分可能, かつ $f' = g'$ をみたしているとする。このとき, 任意の $x \in I$ に対して $f(x) = g(x) + C$ をみたす定数 C が存在する。

証明 $h(x) = f(x) - g(x)$ とおくと, $h'(x) = 0$ であるから, 定理 4.7 により h は定数である。 □

注意 4.2 系 4.8 は，すでに第 3 章でしばしば用いている．例えば定理 3.3（微分積分学の基本定理）の証明中の式 (3.15) などである（その他実例多数）．

定理 4.9 関数 $f: I \longrightarrow \mathbb{R}$ が I で連続，$\mathring{I}$ で微分可能であると仮定する．このとき，次の (1) と (2) は同値である．
(1) f が I で単調増加 (減少) である．
(2) 任意の $x \in \mathring{I}$ に対して $f'(x) \geqq (\leqq) 0$ である．

証明 単調増加と $f' \geqq 0$ の同値性を示そう（単調減少と $f' \leqq 0$ の同値性も同様に示せる）．(1) を仮定する．このとき，任意の $x, y \in \mathring{I}$ に対して，$x < y$ ならば $f(x) \leqq f(y)$，$x > y$ ならば $f(x) \geqq f(y)$ である．いずれにせよ，$x \neq y$ のとき
$$\frac{f(y) - f(x)}{y - x} \geqq 0$$
$y \to x$ の極限をとると $f'(x) \geqq 0$ となり (2) が従う．

逆に (2) を仮定すると，任意の $x, y \in I$ に対して，$x \neq y$ のとき x と y を両端とする閉区間に平均値の定理 4.5 を適用すると
$$f(y) - f(x) = f'(c)(y - x)$$
をみたす c が x と y の間に存在する．$f'(c) \geqq 0$ であるから，$x < y$ のとき $f(x) \leqq f(y)$，すなわち，f は I で単調増加であり，(1) が従う． □

注意 4.3 微分係数は，その定義から局所的な（ローカルな）量であり，区間での増減のような大域的な（グローバルな）性質を直接説明するものではない．定理 4.7 でも定理 4.9 でも，(1) は大域的な性質であり，(2) は局所的な量である微分係数に関する性質である．したがって (1) から (2) を導くのは 3 章までの知識でできる．
一方，(2) から (1) を導くには，平均値の定理の助けが必要である．
このように，平均値の定理は，局所的な量である微分係数の情報から大域的な情報を引き出すところにその意義があるといえるのである．

4.2 不定形の極限への応用

この節では，平均値の定理の不定形の極限への応用について考察する．

定理 4.10 (ロピタルの定理 I)　$f, g : I \longrightarrow \mathbb{R}$ が I で微分可能，かつ $a \in I$ で $f(a) = g(a) = 0$ とする。
このとき極限 $\lim_{x \to a} \dfrac{f'(x)}{g'(x)} = \alpha$ が存在すれば，$\lim_{x \to a} \dfrac{f(x)}{g(x)} = \alpha$ が成り立つ。

証明　$x > a$ を仮定する。閉区間 $J = [a, x]$ にコーシーの平均値の定理（定理 4.6）を適用して

$$\frac{f'(c)}{g'(c)} = \frac{f(x) - f(a)}{g(x) - g(a)} = \frac{f(x)}{g(x)}$$

をみたす $c \in \overset{\circ}{J}$ が存在する。ここで，最後の等式において $f(a) = g(a) = 0$ を用いた。

ここで，$x \to a + 0$ とすると，$c \to a + 0$ となる。しかも $c \to a$ での極限が存在すれば，右極限 $c \to a + 0$ も存在して α に等しいから

$$\lim_{x \to a+0} \frac{f(x)}{g(x)} = \lim_{x \to a+0} \frac{f'(c)}{g'(c)} = \alpha \tag{4.4}$$

を得る。

$x < a$ のときは閉区間 $[x, a]$ にコーシーの平均値の定理を適用して

$$\lim_{x \to a-0} \frac{f(x)}{g(x)} = \lim_{x \to a-0} \frac{f'(c)}{g'(c)} = \alpha \tag{4.5}$$

を得る。式 (4.4)，式 (4.5) を合わせて題意を得る。　□

系 4.11 (定理 4.10 の系)　$I = (a, +\infty)$ または $I = (-\infty, a)$ であり，$\lim_{x \to \pm\infty} f(x) = \lim_{x \to \pm\infty} g(x) = 0$ であっても，極限

$$\lim_{x \to \pm\infty} \frac{f'(x)}{g'(x)} = \alpha$$

が存在すれば

$$\lim_{x \to \pm\infty} \frac{f(x)}{g(x)} = \alpha$$

が成り立つ。

証明 $x = 1/t$ とおくと，$x \to \pm\infty$ は $t \to \pm 0$ であり，定理 4.10 に帰着できる（詳細略）。 □

定理 4.12 （ロピタルの定理 II） $I = (a, +\infty)$ または $I = (-\infty, a)$ とする。$f, g : I \longrightarrow \mathbb{R}$ が I で微分可能，かつ $\displaystyle\lim_{x \to \pm\infty} f(x) = +\infty$, $\displaystyle\lim_{x \to \pm\infty} g(x) = +\infty$ とする。このとき，極限

$$\lim_{x \to \pm\infty} \frac{f'(x)}{g'(x)} = \alpha$$

が存在すれば

$$\lim_{x \to \pm\infty} \frac{f(x)}{g(x)} = \alpha$$

が成り立つ。

証明 $x \to +\infty$ のとき，仮定により，任意の正数 ε に対してある正数 M が存在して $x > M$ のとき

$$\left| \frac{f'(x)}{g'(x)} - \alpha \right| < \varepsilon$$

とできる。コーシーの平均値の定理により，$M < a < b$ をみたす任意の a, b に対して

$$\frac{f'(c)}{g'(c)} = \frac{f(b) - f(a)}{g(b) - g(a)} = \frac{f(b)(1 - f(a)/f(b))}{g(b)(1 - g(a)/g(b))}$$

をみたす $c \in (a, b)$ が存在する。このとき

$$\frac{f(b)}{g(b)} = \frac{f'(c)}{g'(c)} \frac{1 - g(a)/g(b)}{1 - f(a)/f(b)}$$

であるから

$$\left| \frac{f(b)}{g(b)} - \alpha \right| \leq \left| \frac{f'(c)}{g'(c)} - \alpha \right| + \left| \frac{f'(c)}{g'(c)} \right| \left| \frac{1 - g(a)/g(b)}{1 - f(a)/f(b)} - 1 \right|$$

であり，a を固定して $b \to +\infty$ とすれば，上の式の第 2 項 $\to 0$ であり，$c > M$ であるから，第 1 項 $\to 0$ となる。よって，題意を得る。$x \to -\infty$ の場合も同様である。 □

系 4.13 (定理 4.12 の系)　$a \in I$ で $\lim_{x \to a} f(x) = +\infty, \lim_{x \to a} g(x) = +\infty$ であっても，極限

$$\lim_{x \to a} \frac{f'(x)}{g'(x)} = \alpha$$

が存在すれば

$$\lim_{x \to a} \frac{f(x)}{g(x)} = \alpha$$

が成り立つ。

証明　$x = a + 1/t$ とおくと，$t \to \pm\infty$ は $x \to a \pm 0$ であるから，定理 4.12 と同様にして証明できる（詳細略）。　□

例題 4.3　次の極限を求めよ。

(1) $\displaystyle\lim_{x \to 0} \frac{1 - \cos x}{x^2}$

(2) $\displaystyle\lim_{x \to +0} x \log x$

解答例

(1) $f(x) = 1 - \cos x, g(x) = x^2$ とおくと，ロピタルの定理 I（定理 4.10）の仮定をみたす。$f'(x) = \sin x, g'(x) = 2x$ より

$$\lim_{x \to 0} \frac{f'(x)}{g'(x)} = \lim_{x \to 0} \frac{\sin x}{2x} = \frac{1}{2}$$

より

$$\lim_{x \to 0} \frac{1 - \cos x}{x^2} = \frac{1}{2}$$

を得る。

(2) $f(x) = \log x, g(x) = 1/x$ とおくと

$$\lim_{x \to +0} x \log x = \lim_{x \to +0} \frac{\log x}{1/x} = \lim_{x \to +0} \frac{f(x)}{g(x)}$$

であり，ロピタルの定理 II の系（系 4.13）の仮定をみたす。$f'(x) = 1/x, g'(x) = -1/x^2$ より

$$\lim_{x\to 0}\frac{f'(x)}{g'(x)} = \lim_{x\to 0}\frac{1/x}{-1/x^2} = \lim_{x\to 0}(-x) = 0$$

より

$$\lim_{x\to +0} x\log x = 0$$

を得る。 ◆

練習 4.3 次の極限を求めよ。

(1) $\displaystyle\lim_{x\to 0}\frac{x-\sin x}{\tan x - x}$

(2) $\displaystyle\lim_{x\to +\infty}\frac{x^n}{e^x}$

4.3 テイラー展開

この節では，微分積分の応用として非常に重要なテイラー展開について述べる。

定義 4.2（高階導関数） I 上微分可能な関数 $f: I \longrightarrow \mathbb{R}$ の導関数 f' が I でさらに微分可能であるとき，f' の導関数 $(f')'$ が定義できる。これを f の二階導関数といい，f'' と記す。以下，帰納的に，k 階導関数 $f^{(k)}$ が I 上微分可能であるとき，$f^{(k)}$ の導関数 $f^{(k+1)} = (f^{(k)})'$ が定義できる。

例 4.1 $f(x) = e^x$ のとき，$f'(x) = e^x$ である。微分を何回繰り返しても同じなので，$f^{(n)}(x) = e^x$ である。

例 4.2 $f(x) = \sin x$ のとき

$$f'(x) = \cos x$$
$$f''(x) = (\cos x)' = -\sin x$$
$$f'''(x) = (-\sin x)' = -\cos x$$

$$f^{(4)}(x) = (-\cos x)' = \sin x = f(x)$$

である。4回微分するごとに元に戻るので

$$f^{(n)}(x) = \begin{cases} \sin x & (n = 4k \text{ のとき}) \\ \cos x & (n = 4k+1 \text{ のとき}) \\ -\sin x & (n = 4k+2 \text{ のとき}) \\ -\cos x & (n = 4k+3 \text{ のとき}) \end{cases} \quad (4.6)$$

が成り立つ。式 (4.6) はまとめて

$$f^{(n)}(x) = \sin\left(x + \frac{\pi}{2}n\right)$$

と書ける。

$g(x) = \cos x$ のとき,$g(x) = f'(x)$ であり,$\sin x$ の(周期 4 で繰り返す)高階導関数の一つである。よって,式 (4.6) の $n = 4k+1$ の場合を $n = 4k$ の場合となるようずらせばよいので

$$g^{(n)}(x) = \begin{cases} \cos x & (n = 4k \text{ のとき}) \\ -\sin x & (n = 4k+1 \text{ のとき}) \\ -\cos x & (n = 4k+2 \text{ のとき}) \\ \sin x & (n = 4k+3 \text{ のとき}) \end{cases} = \cos\left(x + \frac{\pi}{2}n\right) \quad (4.7)$$

となる。

定義 4.3 (C^n 級関数) 関数 $f : I \longrightarrow \mathbb{R}$ が I 上で n 回微分可能で,かつ n 階導関数 $f^{(n)}$ が連続であるとき,f は I 上 C^n 級という。f が連続関数なら C^0 級,I 上何回でも微分可能なら C^∞ 級である。

例題 4.4 関数 $f(x) = \begin{cases} x^2 \sin \dfrac{1}{x} & (x \neq 0) \\ 0 & (x = 0) \end{cases}$ について,次の問に答えよ。

(1) $f(x)$ は $x=0$ で微分可能であることを示し，$f'(0)$ の値を求めよ。

(2) $f'(x)$ は $x=0$ で連続ではない，すなわち $f(x)$ は $\mathbb{R}$ 上 C^1 級ではないことを示せ。

解答例

(1) $h \neq 0$ で $|\sin(1/h)| \leq 1$ であるから
$$\left|\frac{f(h)-f(0)}{h}\right| = \left|h\sin\frac{1}{h}\right| \leq |h| \to 0 \; (h \to 0)$$
となって，$f'(0)=0$，すなわち，f は $x=0$ で微分可能である。

(2) 積の微分法（命題 2.11 (3)，ライプニッツ・ルール）より，$x \neq 0$ で
$$f'(x) = 2x\sin\frac{1}{x} - \cos\frac{1}{x}$$
となるから，やはり微分可能である。$f(x)$ は $\mathbb{R}$ 上微分可能だから連続である。しかし，$\cos(1/x)$ は $x\to 0$ で収束しないから $f'(x)$ は $x=0$ で連続ではない。よって，$\mathbb{R}$ 上 C^0 級であるが $\mathbb{R}$ 上 C^1 級でない。　◆

定理 4.14（テイラーの定理） $n \in \mathbb{N}$ とし，$a<b$ なら $I=[a,b]$，$b<a$ なら $I=[b,a]$ とする。関数 $f: I \longrightarrow \mathbb{R}$ が I 上 n 回微分可能のとき
$$f(b) = \sum_{k=0}^{n-1} \frac{f^{(k)}(a)}{k!}(b-a)^k + R_n(a,b)$$
$$= f(a) + f'(a)(b-a) + \frac{f''(a)}{2!}(b-a)^2 + \cdots$$
$$+ \frac{f^{(n-1)}(a)}{(n-1)!}(b-a)^{n-1} + R_n(a,b)$$
によって $R_n(a,b)$ を定義すれば
$$R_n(a,b) = \frac{f^{(n)}(c)}{n!}(b-a)^n$$
をみたす $c \in \overset{\circ}{I}$ が存在する。この R_n を **n 次剰余項**という。

証明 いま

$$R_n(a,b) = f(b) - \sum_{k=0}^{n-1} \frac{f^{(k)}(a)}{k!}(b-a)^k =: \frac{A}{n!}(b-a)^n$$

により，A を定義する．

$$\varphi(x) = f(b) - \sum_{k=0}^{n-1} \frac{f^{(k)}(x)}{k!}(b-x)^k - \frac{A}{n!}(b-x)^n$$

とおくと，$\varphi(b) = 0 = \varphi(a)$ となる．よって，φ にロールの定理を適用して

$$\begin{aligned}
0 = \varphi'(c) \\
= \sum_{k=0}^{n-1} \left(-\frac{f^{(k+1)}(c)}{k!}(b-c)^k + \frac{f^{(k)}(c)}{(k-1)!}(b-c)^{k-1} \right) \\
+ \frac{A}{(n-1)!}(b-c)^{n-1} \\
= \frac{(b-c)^{n-1}}{(n-1)!}\left(-f^{(n)}(c) + A\right)
\end{aligned}$$

をみたす $c \in \overset{\circ}{I}$ が存在する．よって，$A = f^{(n)}(c)$ であり，題意は証明された．
□

定理 4.15 関数 $f: I \longrightarrow \mathbb{R}$ が I 上 C^∞ 級で，I の各点 x で

$$\lim_{n \to \infty} R_n(a, x) = 0$$

をみたすとき，$a \in I$ として

$$f(x) = \sum_{n=0}^{\infty} \frac{f^{(n)}(a)}{n!}(x-a)^n \tag{4.8}$$

と書ける．式 (4.8) を f の a を中心とする**テイラー展開**という．

証明 定理 4.14 中の剰余項の定義より明らか． □

例 4.3 $f(x) = e^x$ のとき，例 4.1 より，$f^{(n)}(0) = e^0 = 1$ となる．アルキメデスの原理（第 3 章末のコラム参照）より，任意の実数 x に対して $n_0 > x$ をみたす自然数 n_0 が存在するから，$n \geq n_0$ に対して

$$0 \leq \left|\frac{x^n}{n!}\right| \leq \frac{|x|^{n_0}}{n_0!}\left(\frac{|x|}{n_0}\right)^{n-n_0} \to 0 \ (n \to \infty)$$

となる。ゆえに、はさみうちの原理から

$$\lim_{n \to \infty} \frac{x^n}{n!} = 0 \tag{4.9}$$

が成り立つ。よって、定理 4.15 の仮定をみたすから、e を底とする指数関数の $x = 0$ のまわりのテイラー展開は

$$e^x = \sum_{n=0}^{\infty} \frac{f^{(n)}(0)}{n!} x^n = \sum_{n=0}^{\infty} \frac{x^n}{n!} \tag{4.10}$$

となる。

例 4.4 $f(x) = \sin x$, $g(x) = \cos x$ とおくと、例 4.2 より

$$f^{(n)}(0) = \begin{cases} 0 & (n = 4k \text{ のとき}) \\ 1 & (n = 4k+1 \text{ のとき}) \\ 0 & (n = 4k+2 \text{ のとき}) \\ -1 & (n = 4k+3 \text{ のとき}) \end{cases}$$

$$g^{(n)}(0) = \begin{cases} 1 & (n = 4k \text{ のとき}) \\ 0 & (n = 4k+1 \text{ のとき}) \\ -1 & (n = 4k+2 \text{ のとき}) \\ 0 & (n = 4k+3 \text{ のとき}) \end{cases}$$

となる。よって、再び式 (4.9) を用いて

$$\sin x = \sum_{n=0}^{\infty} \frac{(-1)^n}{(2n+1)!} x^{2n+1} \tag{4.11}$$

$$\cos x = \sum_{n=0}^{\infty} \frac{(-1)^n}{(2n)!} x^{2n} \tag{4.12}$$

と書ける。

4.3 テイラー展開

以下，いろいろな関数のテイラー展開について問題形式で扱う。

例題 4.5 a が 0 以上の整数でないとき，$|x| < 1$ で

$$(1+x)^a = \sum_{n=0}^{\infty} \binom{a}{n} x^n \tag{4.13}$$

が成り立つことを示せ。

ここで，$\binom{a}{n} = \dfrac{a(a-1)\cdots(a-n+1)}{n!}$ である。

証明 $f(x) = (1+x)^a$ とおくと
$f'(x) = a(1+x)^{a-1}$
$f''(x) = a(a-1)(1+x)^{a-2}, \cdots,$ 一般に
$f^{(n)}(x) = a(a-1)(a-2)\cdots(a-n+1)(1+x)^{a-n}$ である。よって

$$\frac{f^{(n)}(0)}{n!} = \frac{a(a-1)(a-2)\cdots(a-n+1)}{n!} = \binom{a}{n}$$

となる。$|x| < 1$ のとき

$$\lim_{n \to \infty} \binom{a}{n} x^n = 0$$

であるから，式 (4.13) が成り立つ。 □

注意 4.4 a が 0 以上の整数のとき

$$\binom{a}{n} = {}_aC_n \quad (a \text{ 個から } n \text{ 個を選ぶ組合せの数})$$

であり，(なお，$n \geq a+1$ のときは $\binom{a}{n} = 0$ に注意) 式 (4.13) は任意の x で成り立つ二項定理そのものである。

例題 4.6 $-1 < x \leq 1$ のとき

$$\log(1+x) = \sum_{n=1}^{\infty} \frac{(-1)^{n-1}}{n} x^n \tag{4.14}$$

が成り立つことを示せ。

証明 式 (4.14) は形式的には，例題 4.5 で $a=-1$ を代入して

$$(1+x)^{-1} = \sum_{n=0}^{\infty} \binom{-1}{n} x^n$$

$$= \sum_{n=0}^{\infty} \frac{(-1)(-2)\cdots(-n)}{n!} x^n$$

$$= \sum_{n=0}^{\infty} (-1)^n x^n$$

の両辺を積分すると得られる。しかしながら，厳密には n に関する無限和と積分が交換できることを示す必要がある。

そこでもう少し精密な議論をしてみよう。$t \neq -1$ のとき

$$\frac{1}{1+t} = 1 - t + t^2 - t^3 + \cdots + (-1)^{n-1}t^{n-1} + \frac{(-1)^n t^n}{1+t} \tag{4.15}$$

である。この式の両辺を区間 $[0,x]$ で積分すると

$$\log(1+x) = x - \frac{x^2}{2} + \frac{x^3}{3} - \frac{x^4}{4} + \cdots + \frac{(-1)^{n-1}}{n} x^n + R_n(x)$$

を得る。ここで

$$R_n(x) = \int_0^x \frac{(-1)^n t^n}{1+t} dt$$

である。$0 \leq x \leq 1$ のとき

$$0 \leq |R_n(x)| \leq \int_0^x t^n dt = \frac{x^{n+1}}{n+1} \to 0 \ (n \to \infty)$$

$-1 < x < 0$ のとき

$$0 \leq |R_n(x)| \leq \left|\int_0^x \frac{t^n}{1-|x|} dt\right| = \frac{|x|^{n+1}}{(n+1)(1-|x|)} \to 0 \ (n \to \infty)$$

となるので

$$\lim_{n \to \infty} R_n(x) = 0$$

よって，式 (4.14) が成り立つことが示された。 □

注意 4.5 式 (4.14) に $x=1$ を代入すると

$$\log 2 = 1 - \frac{1}{2} + \frac{1}{3} - \frac{1}{4} + \cdots + \frac{(-1)^{n-1}}{n} + \cdots$$

が成り立つ．しかし，この級数は $\log 2$ の近似値を求めるには収束が遅い．

練習 4.4

(1) $\log \dfrac{1+x}{1-x}$ の $x=0$ のまわりのテイラー展開を求めよ．

(2) (1) を利用して，$\log 2$ の近似値を小数第 3 位を四捨五入して小数第 2 位まで求めよ．

例題 4.7 $-1 \leq x \leq 1$ のとき

$$\tan^{-1} x = \sum_{n=0}^{\infty} \frac{(-1)^n}{2n+1} x^{2n+1} \tag{4.16}$$

が成り立つことを示せ．

証明 式 (4.15) で t に t^2 を代入して

$$\frac{1}{1+t^2} = 1 - t^2 + t^4 - t^6 + \cdots + (-1)^{n-1} t^{2n-2} + \frac{(-1)^n t^{2n}}{1+t^2}$$

この式の両辺を区間 $[0, x]$ で積分すると

$$\tan^{-1} x = x - \frac{x^3}{3} + \frac{x^5}{5} - \frac{x^7}{7} + \cdots + \frac{(-1)^{n-1}}{2n-1} x^{2n-1} + R_n(x)$$

を得る．ここで

$$R_n(x) = \int_0^x \frac{(-1)^n t^{2n}}{1+t^2} dt$$

である．$0 \leq |x| \leq 1$ のとき

$$0 \leq |R_n(x)| \leq \left| \int_0^x t^{2n} dt \right| = \frac{|x|^{2n+1}}{2n+1} \to 0 \ (n \to \infty)$$

となるので

$$\lim_{n \to \infty} R_n(x) = 0$$

よって，式 (4.16) が成り立つことが示された． □

注意 4.6 (ライプニッツの級数) 式 (4.16) に $x=1$ を代入すると

$$\frac{\pi}{4} = 1 - \frac{1}{3} + \frac{1}{5} - \frac{1}{7} + \cdots + \frac{(-1)^n}{2n+1} + \cdots$$

が成り立つ．しかし，この級数は $\pi/4$ の近似値を求めるには収束が遅い．

練習 4.5

(1) $|x| < 1$ のとき

$$\frac{1}{\sqrt{1-x}} = \sum_{n=0}^{\infty} \frac{(2n-1)!!}{(2n)!!} x^n$$

が成り立つことを示せ．ただし，$(2n)!! = (2n)(2n-2)\cdots 2$, $(2n-1)!! = (2n-1)(2n-3)\cdots 1$, $0!! = (-1)!! = 1$ である．

(2) $|x| < 1$ のとき

$$\sin^{-1} x = \sum_{n=0}^{\infty} \frac{(2n-1)!!}{(2n)!!} \frac{x^{2n+1}}{2n+1} \tag{4.17}$$

が成り立つことを示せ (なお，本書の程度を超えるが，式 (4.17) のテイラー展開は $x = \pm 1$ でも成り立つ)．

4.4 広義積分

これまでは，有界閉区間上の有界関数について積分を考えてきた．この節では，積分区間の上端または下端で関数の値が定義できていないような場合や，無限区間の場合に，積分の定義を拡張することを考える．これを広い意味での積分ということで，**広義積分**という．

定義 4.4 (広義積分) $I = [a, b)$ ($b = +\infty$ でもよい) として，関数 $f : I \longrightarrow \mathbb{R}$ が

(1) 任意の $v \in I$ に対し，f は $[a, v]$ 上有界可積分

(2) $\displaystyle\lim_{v \to b-0} \int_a^v f(x)dx = J \in \mathbb{R}$

が成り立つとき，f は I 上広義可積分であるといい，J を f の I における**広義積分**という。

$I = (a, b]$ ($a = -\infty$ でもよい) のとき

(1′) 任意の $u \in I$ に対し，f は $[u, b]$ 上有界可積分

(2′) $\displaystyle\lim_{u \to a+0} \int_u^b f(x)dx = J \in \mathbb{R}$

が成り立つときも同様である。

$I = (a, b)$ ($a = -\infty$ でも $b = +\infty$ でもよい) のとき

(1″) 任意の $u, v \in I$ に対し，f は $[u, v]$ 上有界可積分

(2″) $\displaystyle\lim_{\substack{u \to a+0 \\ v \to b-0}} \int_u^v f(x)dx = J \in \mathbb{R}$

が成り立つときも同様である。

例題 4.8   次の広義積分が収束することを示し，その値を求めよ。

(1) $\displaystyle\int_0^1 \frac{dx}{\sqrt{x}}$

(2) $\displaystyle\int_1^{+\infty} \frac{dx}{x^2}$

解答例

(1) $f(x) = 1/\sqrt{x}$ は $x = 0$ で定義されていない。よって $0 < \varepsilon < 1$ に対し，$[\varepsilon, 1]$ で積分し，$\varepsilon \to +0$ の極限を考える。

$$\int_\varepsilon^1 \frac{dx}{\sqrt{x}} = \left[2\sqrt{x}\right]_\varepsilon^1 = 2(1 - \sqrt{\varepsilon})$$

より，$\varepsilon \to +0$ の極限をとることにより

$$\int_0^1 \frac{dx}{\sqrt{x}} = \lim_{\varepsilon \to +0} 2(1 - \sqrt{\varepsilon}) = 2$$

を得る。

(2) この問題はいわば，(1) の縦と横を入れ替えたものである。$y = f(x) = 1/\sqrt{x}$ の逆関数を考える。$x = f(y)$ とおいて y について解くことにより $y = 1/x^2$ となる。(1) で縦と横を入れ替えると，(1) の広義積分は図 4.1 (b) の斜線部の面積を求めたのと同じである。

(a) $y = \dfrac{1}{\sqrt{x}}$ $(0 < x \leq 1)$

(b) $y = \dfrac{1}{x^2}$ $(x \geq 1)$

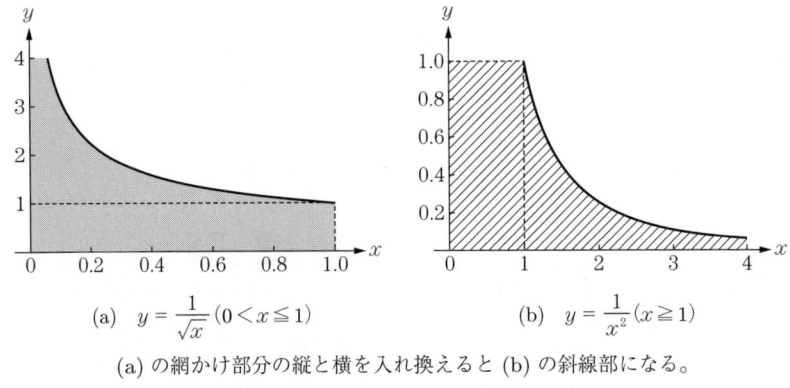

(a) の網かけ部分の縦と横を入れ換えると (b) の斜線部になる。

図 4.1　$y = \dfrac{1}{\sqrt{x}}$ と $y = \dfrac{1}{x^2}$ の関係

よって (2) の広義積分は 1 に等しいはずである。これを実際に計算により確かめてみよう。この問題では積分区間が無限大なので，$[1, b]$ で積分を求め，$b \to +\infty$ の極限を考える。

$$\int_1^{+\infty} \frac{dx}{x^2} = \lim_{b \to \infty} \int_1^b \frac{dx}{x^2} = \lim_{b \to \infty} \left[-\frac{1}{x} \right]_1^b = \lim_{b \to \infty} \left(-\frac{1}{b} + 1 \right) = 1$$

を得る。　　　　　　　　　　　　　　　　　　　　　　　　　　　　◆

練習 4.6 次の広義積分が収束することを示し，その値を求めよ。

(1) $\displaystyle\int_0^1 \frac{dx}{\sqrt{1 - x^2}}$

(2) $\displaystyle\int_0^\infty e^{-x} dx$

広義積分でも，第 3 章で学んだいろいろの計算手法を生かすことができる。例題を通して見てみよう。なお，広義積分の収束についての一般論は本書の程度を超えるので省略する。

例題 4.9 次の広義積分が収束することを示し，その値を求めよ．

(1) $\displaystyle\int_0^{+\infty} \frac{dx}{1+x^3}$

(2) $\displaystyle\int_0^1 \log x\, dx$

解答例

(1) $\dfrac{1}{x^3+1} = \dfrac{A}{x+1} + \dfrac{Bx+C}{x^2-x+1}$ とおいて係数比較する．両辺に x^3+1 を掛けて

$$1 = A(x^2-x+1) + (Bx+C)(x+1) \tag{4.18}$$

式 (4.18) の両辺に $x=-1$ を代入して $1 = 3A$，すなわち，$A = 1/3$ となる．これを式 (4.18) に代入して

$$(Bx+C)(x+1) = -\frac{1}{3}x^2 + \frac{1}{3}x + \frac{2}{3}$$
$$= -\frac{1}{3}(x-2)(x+1)$$

より，$B = -\dfrac{1}{3}$, $C = \dfrac{2}{3}$ が得られる．したがって

$$\frac{1}{x^3+1} = \frac{1}{3(x+1)} + \frac{-x+2}{3(x^2-x+1)}$$
$$= \frac{1}{3}\left(\frac{1}{(x+1)} - \frac{x-\frac{1}{2}}{(x-\frac{1}{2})^2+\frac{3}{4}}\right) + \frac{1}{2}\frac{1}{(x-\frac{1}{2})^2+\frac{3}{4}}$$

と部分分数展開される．よって

$$\int_0^\infty \frac{dx}{x^3+1} = \lim_{b\to+\infty}\left[\frac{1}{6}\log\frac{(x+1)^2}{x^2-x+1} + \frac{1}{2}\frac{2}{\sqrt{3}}\tan^{-1}\frac{2}{\sqrt{3}}\left(x-\frac{1}{2}\right)\right]_0^b$$
$$= \lim_{b\to+\infty}\left\{\frac{1}{6}\log\frac{(b+1)^2}{b^2-b+1}\right.$$
$$\left. + \frac{1}{\sqrt{3}}\left(\tan^{-1}\frac{2}{\sqrt{3}}\left(b-\frac{1}{2}\right) - \tan^{-1}\left(-\frac{1}{\sqrt{3}}\right)\right)\right\}$$
$$= \frac{1}{\sqrt{3}}\left(\frac{\pi}{2} - \left(-\frac{\pi}{6}\right)\right) = \frac{2\pi}{3\sqrt{3}}$$

を得る．最後の等式では

$$\lim_{b\to+\infty}\log\frac{(b+1)^2}{b^2-b+1} = \lim_{b\to+\infty}\log\frac{\left(1+\frac{1}{b}\right)^2}{1-\frac{1}{b}+\frac{1}{b^2}} = 0$$

を用いた。

(2) 例題 3.6 を用いて

$$\int_0^1 \log x\, dx = \lim_{\varepsilon \to +0}[x\log x - x]_\varepsilon^1 = \lim_{\varepsilon \to +0}(-\varepsilon\log\varepsilon - 1 + \varepsilon) = -1$$

を得る。最後の等式で，例題 4.3(2) の結果を用いた。　　　　　　　◆

練習 4.7 次の広義積分が収束することを示し，その値を求めよ。

(1) $\displaystyle\int_0^{+\infty} \frac{dx}{1+x^4}$

(2) $\displaystyle\int_0^{+\infty} \frac{dx}{e^x + e^{-x}}$

4.5　微 分 方 程 式

微分方程式は多くの自然現象や社会現象を記述し，解析するための道具である。この節ではそのうち常微分方程式と呼ばれる微分方程式について，その解法を簡単に説明する。

常微分方程式とは，x の関数 $y = f(x)$ の導関数 $y' = dy/dx$ や一般に高階の導関数 $y^{(n)} = d^n y/dx^n$ と，x や y の関数の関係を与える方程式である。このうち，一階の常微分方程式とは，$y' = dy/dx$ が x と y の関数として与えられている方程式を指す。常微分方程式を解くとは，x の関数として $y = f(x)$ を決定することをいう。

最も簡単な一階の常微分方程式は

$$y' = f(x) \tag{4.19}$$

の形の方程式で，**積分形**と呼ばれる。この常微分方程式を解くには，$f(x)$ を積分すればよい。

$$y = \int f(x)\,dx$$

また，次の形の一階の常微分方程式を**変数分離形**という。

$$\frac{dy}{dx} = f(x)g(y) \tag{4.20}$$

ここで，$g(y) \neq 0$ を仮定して

$$\frac{1}{g(y)}\frac{dy}{dx} = f(x) \tag{4.21}$$

両辺を x で積分しよう。左辺に関しては置換積分公式（定理 3.5）を用いて

$$\int \frac{dy}{g(y)} = \int f(x)dx \tag{4.22}$$

を得る。式 (4.22) の左辺が y の既知の関数として表されるかどうかは別問題であり，また，既知の関数で表せたとしても，式 (4.22) を解いて，y を x の既知の関数として表せるかどうかもまた別問題である。

$g(y) = 0$ の場合は式 (4.21) のように $g(y)$ を分母に持ってくることはできないので，別個に考えなければならない。いま，もし $y = y_0$ で $g(y) = 0$ であるとすると

$$y = y_0 \quad (恒等的に)$$

が式 (4.20) の解である。

以下，簡単な具体例を見てみよう。

例題 4.10 次の微分方程式を解け。

(1) $y' = x^2$

(2) $y' = ky$

解答例

(1) これは積分形である。y を求めるには，右辺を積分すればよく

$$y = \int x^2 dx = \frac{x^3}{3} + C \quad (C は積分定数)$$

が解である。積分定数 C は，例えば $x = 0$ における y の値（これを初期条件という）がわかれば決定できる。

(2) $y \neq 0$ を仮定して

$$\frac{y'}{y} = k$$

両辺を x で積分して

$$\int \frac{dy}{y} = \int k dx$$

$$\log|y| = kx + C \quad (C \text{ は積分定数})$$

を得る。よって

$$|y| = e^{kx+C}$$

$A = \pm e^C$ とおくと

$$y = Ae^{kx} \tag{4.23}$$

である。式 (4.23) の右辺は, $A = 0$ でない限り, 0 にはならないから, 確かに $y \neq 0$ という仮定に反していない。$A = 0$ のときは, $y = 0$ が解であるから, この場合も含めて一般解は式 (4.23) で与えられる。また, 式 (4.23) 以外に解が存在しないことは次のようにして示せる。

$y = u(x)e^{kx}$ ($e^{kx} \neq 0$ だからつねにこうおける) とおくことにより

$$y' = u'(x)e^{kx} + ku(x)e^{kx} = ku(x)e^{kx}$$

これより, $u'(x) = 0$ となることから $u(x) = A$ (A は定数) が従う。 ◆

練習 4.8 次の微分方程式を解け。

(1) $y' = e^{2x}$

(2) $y' = x^2 y$

次に, 一階線形常微分方程式の一般形

$$y' = P(x)y + Q(x) \tag{4.24}$$

を**定数変化法**を用いて解いてみよう。

ひとまず, $Q(x) = 0$ とおくと, 式 (4.24) は変数分離形であるから

$$\int \frac{dy}{y} = \int P(x) dx$$

$$\log|y| = \int P(x)dx + c \quad (c \text{ は積分定数})$$

$$|y| = e^{\int P(x)dx + c}$$

を得る。$A = \pm e^c$ とおくと

$$y = Ae^{\int P(x)dx} \tag{4.25}$$

となる。$Q(x) \neq 0$ の一般の場合は，式 (4.25) の定数 A を x の関数とみなして

$$y' = AP(x)e^{\int P(x)dx} + A'e^{\int P(x)dx} = P(x)y + Q(x)$$

となる。真ん中の辺と右辺のそれぞれ第 1 項は打ち消しあうから

$$A'e^{\int P(x)dx} = Q(x)$$

つまり

$$A = \int Q(x)e^{-\int P(x)dx}dx + C \quad (C \text{ は積分定数})$$

である。よって，式 (4.24) の一般解は

$$y = e^{\int P(x)dx}\left(\int Q(x)e^{-\int P(x)dx}dx + C\right)$$

となる。

例題 4.11 次の微分方程式を解け。

(1) $y' = y + x$

(2) $y' = y + e^x$

(3) $xy' + y = \sin x$

解答例

(1) 式 (4.24) の一般形で，$P(x) = 1, Q(x) = x$ である。まず

$$e^{\int P(x)dx} = e^{\int dx} = e^x$$

である。ここで積分定数は最後の C に吸収できるから省略した（以下同）。よっ

て，一般解は

$$y = e^x \left(\int Q(x) e^{-x} dx + C \right) = e^x \left(\int x e^{-x} dx + C \right)$$

である。ここで，部分積分を用いて

$$\int x e^{-x} dx = x(-e^{-x}) + \int (x)' e^{-x} dx$$
$$= -xe^{-x} - e^{-x}$$

より

$$y = e^x(-xe^{-x} - e^{-x} + C) = -x - 1 + Ce^x$$

を得る。

(2) この場合，$P(x) = 1, Q(x) = e^x$ である。よって，(1) と同様にして

$$y = e^x \left(\int e^x e^{-x} dx + C \right) = e^x (x + C)$$

が一般解である。

(3) この場合，$P(x) = -1/x, Q(x) = \sin x / x$ である。まず

$$e^{\int P(x) dx} = e^{-\int \frac{dx}{x}} = e^{-\log x} = \frac{1}{x}$$

である。ここで，$e^{\log x} = x$ である[†]ことを用いた。よって

$$y = e^{-\log x} \left(\int \frac{\sin x}{x} e^{\log x} dx + C \right)$$
$$= \frac{1}{x} \left(\int \sin x \, dx + C \right)$$
$$= \frac{1}{x} (-\cos x + C)$$

を得る。 ◆

練習 4.9 次の微分方程式を解け。

(1) $y' = y + x^2$

(2) $y' = y + \sin x$

(3) $y' + y \sin x = \sin x$

[†] もしピンとこなければ，両辺の自然対数をとってみるとよい。

章 末 問 題

【1】 関数 $f(x) = x^a$ $(a < 0)$ を被積分関数とする広義積分について，次の問に答えよ。

(1) $\int_0^1 f(x)dx$ が収束するような a の値の範囲を求めよ。

(2) $\int_1^{+\infty} f(x)dx$ が収束するような a の値の範囲を求めよ。

【2】 関数 $\sqrt[5]{1+x}$ の $x=0$ のまわりのテイラー展開を利用して，$\sqrt[5]{100}$ の近似値を小数第4位を四捨五入し，小数第3位まで求めよ（なお，一等星と二等星では約 2.5 倍明るさが違い，一等星と六等星とではちょうど 100 倍明るさが違うことを用いてよい）。

【3】 関数 $f(x) = \dfrac{\log x}{x}$ $(x > 0)$ について，次の問に答えよ。

(1) 曲線 $C: y = f(x)$ のグラフの概形を描け。

(2) $m < n$ を異なる正整数として，$m^n = n^m$ をみたす (m, n) の組をすべて求めよ。

(3) e^π と π^e とではどちらが大きいか，理由をつけて答えよ。

(4) 原点を通り，曲線 C に接する直線を l とする。曲線 C, 直線 l および x 軸とで囲まれる部分の面積を計算せよ。

【4】 雨粒が空中を落下するとき，空気抵抗は落下速度に比例することが知られている。この比例係数を k，重力加速度を g とするとき，次の問に答えよ。

(1) 質量 m の雨粒が落下し始めてから t 秒後の速度を $v(t)$ とするとき，$v(t)$ の運動方程式を微分方程式の形で書け。

(2) (1) の微分方程式を解き，$v(t)$ の時間変化をグラフに描け。

コーヒーブレイク

オイラーの関係式と三角関数の加法定理

さて，式 (4.10)〜式 (4.12) が形式的に $z \in \mathbb{C}$ に対しても適用できるとする。このとき，$z = ix$ として

$$e^{ix} = \sum_{n=0}^{\infty} \frac{(ix)^n}{n!}$$

$$= \sum_{n=0}^{\infty} \frac{i^{2n} x^{2n}}{(2n)!} + \sum_{n=0}^{\infty} \frac{i^{2n+1} x^{2n+1}}{(2n+1)!}$$

$$= \sum_{n=0}^{\infty} \frac{(-1)^n}{(2n)!} x^{2n} + \sum_{n=0}^{\infty} \frac{i(-1)^n}{(2n+1)!} x^{2n+1}$$

すなわち

$$e^{ix} = \cos x + i \sin x \tag{4.26}$$

が成り立つ。これを**オイラーの関係式**という[†]。

式 (4.26) を用いれば，三角関数の加法定理が次のようにして e^{ix} の指数法則に帰着することがわかる。

$$e^{i(x+y)} = e^{ix} e^{iy}$$

に式 (4.26) を代入して

$$\cos(x+y) + i \sin(x+y)$$
$$= (\cos x + i \sin x)(\cos y + i \sin y)$$
$$= (\cos x \cos y - \sin x \sin y) + i(\sin x \cos y + \cos x \sin y)$$

実部と虚部をそれぞれ相等しいとおくと

$$\begin{cases} \cos(x+y) = \cos x \cos y - \sin x \sin y \\ \sin(x+y) = \sin x \cos y + \cos x \sin y \end{cases}$$

を得る。

[†] この関係式によれば，$0, 1, i, \pi, e$ という五つの基本的な数の間に，$e^{i\pi} + 1 = 0$ という関係式が成り立っている。

5 2変数関数の微分積分

前章まで1変数関数を扱ってきたが,この章では2変数関数を取り扱う。1変数関数 $y = f(x)$ は,xy 座標平面における曲線のグラフを表している。一方,2変数関数 $z = f(x,y)$ は,xyz 座標空間における曲面を表しているのである。

5.1 2変数の微分法

2変数関数 $z = f(x,y)$ は,x, y の二つの変数に対して,関数値 z を対応させる規則である。例えば,縦 x,横 y の長方形の面積を $z = f(x,y)$ とすると,$f(x,y) = xy$ である。また,直角三角形の斜辺の長さを x,斜辺と長さ $z = g(x,y)$ の他の一辺のなす角を y とするとき,$g(x,y) = x\cos y$ が成り立つ。2変数関数の極限を考えてみよう。

定義 5.1 (2変数関数の極限) 任意の正数 ε に対して
$$0 < \sqrt{(x-a)^2 + (y-b)^2} < \delta \implies |f(x,y) - \alpha| < \varepsilon$$
をみたす正数 δ が存在するとき,関数 f は $(x,y) \to (a,b)$ で $\alpha \in \mathbb{R}$ に収束するという。このとき,α を関数 $f(x,y)$ の a における極限といい
$$\lim_{(x,y) \to (a,b)} f(x,y) = \alpha, \quad f(x,y) \to \alpha \, ((x,y) \to (a,b))$$
と記す。関数 $f(x,y)$ が $(x,y) \to (a,b)$ でいかなる実数値にも収束しないことを,$f(x,y)$ は $(x,y) \to (a,b)$ で**発散**するという。

1変数関数の極限の定義 2.4 と比べると，x と a の（数直線上の）距離 $|x-a|$ が，定義 5.1 では，点 (x,y) と点 (a,b) の座標平面上の距離 $\sqrt{(x-a)^2+(y-b)^2}$ に変わっていることに気づく．その違いを除いて，定義の表面上は1変数でも2変数でも変わりはない．しかし，1変数のときは，左から近づくか右から近づくかしかなかったが，2変数の場合は，いろいろな方向から近づけるので注意が必要である．具体例で見てみよう．

例 5.1 $f(x,y)=x^2/(x^2+y^2)$ のとき，$(x,y)\to(0,0)$ における $f(x,y)$ の挙動を調べよう．

$$\begin{cases} x = r\cos\theta \\ y = r\sin\theta \end{cases} \quad (r\geq 0,\ 0\leq\theta<2\pi) \tag{5.1}$$

とおくと

$$f(x,y)=\frac{r^2\cos^2\theta}{r^2\cos^2\theta+r^2\sin^2\theta}=\cos^2\theta$$

である．$(x,y)\to(0,0)$ のとき，$r\to+0$ であるが，$f(x,y)$ は θ の値によって変わるので，一定の値に近づかない．よって，$\lim_{(x,y)\to(0,0)}f(x,y)$ は存在しない．なお，式 (5.1) の変換（置き換え）を**極座標変換**という．

例 5.2 $f(x,y)=x^3/(x^2+y^2)$ のとき，$(x,y)\to(0,0)$ における $f(x,y)$ の挙動を調べよう．極座標変換 (5.1) を施すと

$$f(x,y)=\frac{r^3\cos^3\theta}{r^2\cos^2\theta+r^2\sin^2\theta}=r\cos^3\theta$$

であるから，$r\to+0$ で $f(x,y)\to 0$ である．よって

$$\lim_{(x,y)\to(0,0)}\frac{x^3}{x^2+y^2}=0$$

が成り立つ．

定義 5.2 (偏導関数（偏微分）)　2変数関数 $f(x,y)$ において y を定数と考え，x だけの関数とみなしたとき

$$\frac{\partial f}{\partial x} = f_x = \lim_{h \to 0} \frac{f(x+h, y) - f(x, y)}{h}$$

を $f(x,y)$ の x に関する**偏導関数**という。同様に $f(x,y)$ において x を定数と考え，y だけの関数とみなしたとき

$$\frac{\partial f}{\partial y} = f_y = \lim_{h \to 0} \frac{f(x, y+h) - f(x, y)}{h}$$

を $f(x,y)$ の y に関する偏導関数という。

例題 5.1　次の2変数関数の偏導関数を求めよ。

(1)　$f(x,y) = x^3 + xy + y^2$

(2)　$g(x,y) = \sin(x \log y)$

解答例

(1)　y を定数とみなして f を x で微分すると

$$f_x = 3x^2 + y$$

続いて，x を定数とみなして f を y で微分すると

$$f_y = x + 2y$$

を得る。

(2)　(1) と同様にして

$$g_x = \cos(x \log y) \cdot \log y, \quad g_y = \cos(x \log y) \cdot \frac{x}{y}$$

を得る。　◆

練習 5.1　次の2変数関数の偏導関数を求めよ。

(1)　$f(x,y) = \sqrt{x^2 + y^2}$

(2) $g(x,y) = \tan^{-1}\dfrac{y}{x}$

次に 2 変数版の合成関数の微分公式を導出する．そのために，2 変数の C^1 級関数を定義する．

定義 5.3 （2 変数 C^1 級関数） 2 変数関数 $f(x,y)$ は，$f_x = \partial f/\partial x$, $f_y = \partial f/\partial y$ がともに存在し，連続のとき，f は $\boldsymbol{C^1}$ **級関数**であるという．

注意 5.1 $f(x,y)$ が C^1 級関数ならば，例えば
$$\lim_{\Delta y \to 0} f_x(x, y+\Delta y) = f_x(x,y) \tag{5.2}$$
が成り立つ．

定理 5.1 （合成関数の微分法） 以下，登場する関数がすべて C^1 級関数であるとすると，次の (1)〜(3) が成り立つ．

(1) $z = f(x,y)$, $x = x(t)$, $y = y(t)$ のとき
$$\frac{dz}{dt} = \frac{\partial z}{\partial x}\frac{dx}{dt} + \frac{\partial z}{\partial y}\frac{dy}{dt}$$

(2) $w = f(z)$, $z = g(x,y)$ のとき
$$\frac{\partial w}{\partial x} = \frac{dw}{dz}\frac{\partial z}{\partial x}$$
$$\frac{\partial w}{\partial y} = \frac{dw}{dz}\frac{\partial z}{\partial y}$$

(3) $z = f(x,y)$, $x = x(u,v)$, $y = y(u,v)$ のとき
$$\frac{\partial z}{\partial u} = \frac{\partial z}{\partial x}\frac{\partial x}{\partial u} + \frac{\partial z}{\partial y}\frac{\partial y}{\partial u}$$
$$\frac{\partial z}{\partial v} = \frac{\partial z}{\partial x}\frac{\partial x}{\partial v} + \frac{\partial z}{\partial y}\frac{\partial y}{\partial v}$$

証明

(1) $x(t+\Delta t) = x(t) + \Delta x$, $y(t+\Delta t) = y(t) + \Delta y$ とおくと

$$z(t+\Delta t) - z(t) = f(x(t)+\Delta x, y(t)+\Delta y) - f(x(t), y(t))$$
$$= (f(x(t)+\Delta x, y(t)+\Delta y) - f(x(t), y(t)+\Delta y))$$
$$+ (f(x(t), y(t)+\Delta y) - f(x(t), y(t)))$$

よって

$$\frac{z(t+\Delta t) - z(t)}{\Delta t} = \frac{f(x(t)+\Delta x, y(t)+\Delta y) - f(x(t), y(t)+\Delta y)}{\Delta x} \frac{\Delta x}{\Delta t}$$
$$+ \frac{f(x(t), y(t)+\Delta y) - f(x(t), y(t))}{\Delta y} \frac{\Delta y}{\Delta t}$$

で $\Delta t \to 0$ とすることにより

$$\frac{dz}{dt} = \lim_{\Delta t \to 0} \frac{z(t+\Delta t) - z(t)}{\Delta t} = \frac{\partial z}{\partial x} \frac{dx}{dt} + \frac{\partial z}{\partial y} \frac{dy}{dt}$$

を得る。ここで, $\Delta t \to 0$ のとき $\Delta y \to 0$ であることと $z=f(x,y)$ が C^1 級関数であること(式 (5.2) 参照)を用いた。

(2), (3) も同様に証明できる。 □

定理 5.1 は三つの類型に分けて書かれているが, ベクトル値関数を導入すれば統一的に定理を書くことができるものである。

例題 5.2 $f(x,y) = x^2 + 2y^2$, $x = u+v$, $y = uv$ のとき, 偏導関数 f_u, f_v を求めよ。

解答例 定理 5.1(3) を用いて

$$f_u = f_x \frac{\partial x}{\partial u} + f_y \frac{\partial y}{\partial u} = 2x \cdot 1 + 4y \cdot v = 2(u+v) + 4uv^2$$
$$f_v = f_x \frac{\partial x}{\partial v} + f_y \frac{\partial y}{\partial v} = 2x \cdot 1 + 4y \cdot u = 2(u+v) + 4u^2 v$$

を得る。この結果は

$$f(x,y) = x^2 + 2y^2 = (u+v)^2 + 2u^2 v^2$$

と f を u と v の式に変換しても得られる。 ◆

練習 5.2 2 変数関数 $f(x,y)$ に対し, 極座標変換 (5.1) を施したとき, 偏導関数 f_r, f_θ を f_x, f_y で表せ。

5.2 高階偏導関数とテイラー展開

この節では, 2 変数関数に対する**高階偏導関数**と**テイラー展開**について述べる。

定義 5.4 (**高階偏導関数**) 2 変数関数 $f(x,y)$ の偏導関数 f_x, f_y をさらに x や y で偏微分した

$$f_{xx} = \frac{\partial f_x}{\partial x}, \quad f_{xy} = \frac{\partial f_x}{\partial y}, \quad f_{yx} = \frac{\partial f_y}{\partial x}, \quad f_{yy} = \frac{\partial f_y}{\partial y}$$

を 2 階の偏導関数という。3 階以上の偏導関数も同様に定義される。

定義 5.5 (**2 変数 C^n 級関数**) 2 変数関数 $f(x,y)$ は, 2 階の偏導関数 f_{xx}, f_{xy}, f_{yx}, f_{yy} がすべて存在し, 連続のとき, f は C^2 **級関数**であるという。一般に, f の 2^n 種類の n 階偏導関数がすべて存在し, 連続のとき, f は C^n **級関数**であるという。

例題 5.1(1) で, f_x を y で偏微分すると

$$f_{xy} = \frac{\partial}{\partial y}(3x^2 + y) = 1$$

一方, f_y を x で偏微分すると

$$f_{yx} = \frac{\partial}{\partial x}(x + 2y) = 1$$

よって, $f_{xy} = f_{yx}$ である。これは偶然ではなく, 次の定理が成り立つ。

定理 5.2 2 変数関数 $f(x,y)$ が C^2 級関数のとき, $f_{xy} = f_{yx}$ が成り立つ。f が C^3 級関数のとき, $f_{xxy} = f_{xyx} = f_{yxx}$, $f_{xyy} = f_{yxy} = f_{yyx}$ が成り立つ。一般に f が C^n 級関数のとき, f の n 階偏導関数は, x, y でそれぞ

5.2 高階偏導関数とテイラー展開

れ何回偏微分したかで決まり，偏微分の順番にはよらない．

証明 $n=2$ の場合にのみ示す．$h, k \neq 0$ に対し

$$g(h,k) = f(a+h, b+k) - f(a+h, b) - f(a, b+k) + f(a,b)$$

とおくと，$G(x) = f(x, b+k) - f(x, b)$ を用いて

$$g(h,k) = G(a+h) - G(a)$$

と書ける．平均値の定理 4.5 により

$$g(h,k) = h G'(a + \theta_1 h)$$
$$= h(f_x(a + \theta_1 h, b+k) - f_x(a + \theta_1 h, b))$$

をみたす $0 < \theta_1 < 1$ が存在する．$H(y) = f_x(a + \theta_1 h, y)$ とおくと，さらに

$$g(h,k) = h(H(b+k) - H(b))$$

と書けるから，再び平均値の定理 4.5 により

$$g(h,k) = hk f_{xy}(a + \theta_1 h, b + \theta_2 k)$$

をみたす $0 < \theta_2 < 1$ が存在する．

一方，$J(y) = f(a+h, y) - f(a, y)$ とおくと

$$g(h,k) = J(b+k) - J(b)$$

と書ける．よって同様の式変形で

$$g(h,k) = hk f_{yx}(a + \theta_3 h, b + \theta_4 k)$$

をみたす $0 < \theta_3, \theta_4 < 1$ が存在する．ここで $hk \neq 0$ より

$$f_{xy}(a + \theta_1 h, b + \theta_2 k) = f_{yx}(a + \theta_3 h, b + \theta_4 k)$$

が成り立つ．f は C^2 級関数なので，$h, k \to 0$ とすることにより

$$f_{xy} = f_{yx}$$

が従う（$n \geq 3$ の場合も同様である）． □

定理 5.3　C^n 級の 2 変数関数 $z = f(x, y)$ において, $x = a+ht, y = b+kt$ とおくとき, 任意の自然数 n に対し

$$\frac{d^n z}{dt^n} = \left(h\frac{\partial}{\partial x} + k\frac{\partial}{\partial y} \right)^n f(x, y)$$

$$= \sum_{j=0}^{n} {}_n C_j h^{n-j} k^j \frac{\partial^n f}{\partial x^{n-j} \partial y^j} \tag{5.3}$$

が成り立つ。

証明　数学的帰納法により示す。$n = 1$ の場合は

$$\frac{dz}{dt} = hf_x + kf_y$$

であり, 定理 5.1(1) の特別な場合である。式 (5.3) が n のとき成り立つとすると

$$\frac{d^{n+1} z}{dt^{n+1}} = \frac{d}{dt}\left(\frac{d^n z}{dt^n} \right)$$

$$= \sum_{j=0}^{n} {}_n C_j \left(h^{n+1-j} k^j \frac{\partial^{n+1} f}{\partial x^{n+1-j} \partial y^j} + h^{n-j} k^{j+1} \frac{\partial^{n+1} f}{\partial x^{n-j} \partial y^{j+1}} \right)$$

$$= \sum_{j=0}^{n+1} ({}_n C_j + {}_n C_{j-1}) h^{n+1-j} k^j \frac{\partial^{n+1} f}{\partial x^{n+1-j} \partial y^j}$$

となって, $n+1$ のときも成り立つ。ここで, ${}_{n+1} C_j = {}_n C_j + {}_n C_{j-1}$ であることを用いた。よって, 式 (5.3) は任意の自然数 n に対して成り立つ。　□

定理 5.4（2 変数関数のテイラーの定理）　2 変数関数 $z = f(x, y)$ が C^n 級関数のとき

$$f(a+h, b+k) = f(a, b) + hf_x(a, b) + kf_y(a, b)$$
$$+ \frac{1}{2}\left(h^2 f_{xx}(a, b) + 2hk f_{xy}(a, b) + k^2 f_{yy}(a, b) \right) + \cdots$$
$$+ \frac{1}{(n-1)!}\left(h\frac{\partial}{\partial x} + k\frac{\partial}{\partial y} \right)^{n-1} f(a, b) + R_n \tag{5.4}$$

によって R_n を定義すれば

$$R_n = \frac{1}{n!}\left(h\frac{\partial}{\partial x} + k\frac{\partial}{\partial y}\right)^n f(a+\theta h, b+\theta k)$$

をみたす $0 < \theta < 1$ が存在する。この R_n を点 (a, b) のまわりの f の**テイラー展開**における **n 次剰余項**という。

証明 $x = a + ht, y = b + kt$ とおいて、z を t の関数とみなすと、1 変数の場合のテイラーの定理（定理 4.14）により

$$z(t) = z(0) + z'(0)t + \frac{z''(0)}{2}t^2 + \cdots + \frac{z^{(n-1)}(0)}{(n-1)!}t^{n-1} + R_n$$

となる。ただし

$$R_n = \frac{z^{(n)}(\theta)}{n!}t^n \quad (0 < \theta < 1)$$

である。この式に定理 5.3 を用い、$t = 1$ を代入すれば、式 (5.4) が示される。 □

例題 5.3 2 変数関数 $f(x, y) = e^{xy}$ の点 $(0, 0)$ のまわりのテイラー展開を 4 次まで求めよ。

解答例 f の 4 階までの偏導関数は

$$f_x = ye^{xy}, \qquad f_y = xe^{xy},$$
$$f_{xx} = y^2 e^{xy}, \qquad f_{xy} = (1+xy)e^{xy}, \qquad f_{yy} = x^2 e^{xy},$$
$$f_{xxx} = y^3 e^{xy}, \qquad f_{xxy} = (2y + xy^2)e^{xy}, \qquad f_{xyy} = (2x + x^2 y)e^{xy},$$
$$f_{yyy} = x^3 e^{xy}, \qquad f_{xxxx} = y^4 e^{xy}, \qquad f_{xxxy} = (3y^2 + xy^3)e^{xy},$$
$$f_{xxyy} = (2 + 4xy + x^2 y^2)e^{xy}, \qquad f_{xyyy} = (3x^2 + x^3 y)e^{xy},$$
$$f_{yyyy} = x^4 e^{xy}$$

である。これらの偏導関数のうち、$x = y = 0$ を代入して 0 にならないものは

$$f_{xy}(0,0) = 1, \quad f_{xxyy}(0,0) = 2$$

のみである。よって f の 4 次までのテイラー展開は

$$f(x,y) = 1 + \frac{1}{2} \cdot {}_2C_1 xy + \frac{2}{4!} \cdot {}_4C_2 x^2 y^2 + \cdots$$
$$= 1 + xy + \frac{1}{2} x^2 y^2 + \cdots$$

である。これは，1 変数関数のテイラー展開

$$e^t = 1 + t + \frac{t^2}{2} + \cdots$$

において，$t = xy$ を代入したものに一致する。 ◆

練習 5.3 $f(x,y) = (x-y)/(x+y)$ の点 $(1,1)$ のまわりのテイラー展開を 2 次まで求めよ。

5.3 2 変数関数の極大・極小

この節では，2 変数関数の極大・極小の定義およびその判定法について考察する。

定義 5.6 (2 変数関数の極大・極小) 2 変数関数 $f(x,y)$ が点 (a,b) で極大 (小) 値をとるとは，点 (a,b) を内部に含むある領域でつねに

$$f(x,y) \leq (\geq) f(a,b)$$

が成り立つことをいう。極大値および極小値を合わせて極値という。

定理 5.5 C^1 級関数 $f(x,y)$ が点 (a,b) で極値をとるとき，点 (a,b) は停留点，すなわち，$f_x(a,b) = f_y(a,b) = 0$ をみたす。

証明 f が点 (a,b) で極小値をとると仮定する (極大値のときも同様である)。このとき，$x = a$ の十分近くで

$$f(x,b) \geq f(a,b)$$

が成り立つ。$x < a$ のとき

$$\frac{f(x,b) - f(a,b)}{x - a} \leqq 0$$

が成り立つから，C^1 級関数であるという仮定より

$$f_x(a,b) \leqq 0 \tag{5.5}$$

である。一方，$x > a$ のとき

$$\frac{f(x,b) - f(a,b)}{x - a} \geqq 0$$

が成り立つから，C^1 級関数であるという仮定より

$$f_x(a,b) \geqq 0 \tag{5.6}$$

である。よって，式 (5.5) と式 (5.6) より，$f_x(a,b) = 0$ を得る。$f_y(a,b) = 0$ も同様に示せる。 □

定理 5.6 点 (a,b) が C^2 級関数 $f(x,y)$ の停留点であるとし，$H(a,b) = f_{xx}(a,b)f_{yy}(a,b) - f_{xy}(a,b)^2$ とする。

このとき，次の (1), (2) が成り立つ。

(1) $H(a,b) > 0$ のとき，$f_{xx}(a,b) > (<)0$ または $f_{yy}(a,b) > (<)0$ なら，点 (a,b) は極小（大）点である。

(2) $H(a,b) < 0$ のとき，点 (a,b) は極大点でも極小点でもない（このような停留点を**鞍点**または**峠点**という）。

証明

(1) 仮定により $f_x(a,b) = f_y(a,b) = 0$ であるから，点 (a,b) のまわりの f の 2 次の剰余項までのテイラー展開は

$$\begin{aligned} f(a+h, b+k) &= f(a,b) + R_2 \\ R_2 &= \frac{1}{2}(f_{xx}h^2 + 2f_{xy}hk + f_{yy}k^2) \end{aligned} \tag{5.7}$$

となる。ここで，R_2 の f_{xx}, f_{xy}, f_{yy} は，すべて $(a + \theta h, b + \theta k)$（ただし，$0 < \theta < 1$）における偏導関数値である。いまもし $H(a,b) > 0$ ならば，f は C^2 級なので，$|h|, |k|$ が十分小さいとき $H(a+\theta h, b+\theta k) > 0$ である。よって，

$h, k \neq 0$ で $|h|, |k|$ が十分小さいとき,R_2 が同符号であることを意味する。よって,$f_{xx}(a,b) > (<)0$ または $f_{yy}(a,b) > (<)0$ なら,$|h|, |k|$ が十分小さいとき

$$f(a+h, b+k) \geqq (\leqq) f(a,b)$$

であるから,点 (a,b) は極小(大)点である。

(2) もし $H(a,b) < 0$ なら,テイラー展開の2次の剰余項 R_2(式 (5.7))は h, k の値によって符号を変える。これは $f(a+h, b+k) > f(a,b)$ にも $f(a+h, b+k) < f(a,b)$ にもなることを意味するので,点 (a,b) は極大点でも極小点でもない。 □

例 5.3 $f(x,y) = x^2 + y^2$ のとき,$f_x = 2x$, $f_y = 2y$ であり,$f_x = f_y = 0$ を解くと $(x,y) = (0,0)$ である。f は C^1 級関数なので,停留点は原点のみである。さらに f は C^2 級関数であり,$f_{xx} = 2$, $f_{xy} = 0$, $f_{yy} = 2$ であるから,$H(0,0) = 2 \cdot 2 - 0^2 = 4 > 0$ と $f_{xx} > 0$ とから,原点 $(0,0)$ は極小点である。

例 5.4 $f(x,y) = x^2 - y^2$ のとき,$f_x = 2x$, $f_y = -2y$ であり,$f_x = f_y = 0$ を解くと $(x,y) = (0,0)$ である。f は C^1 級関数なので,停留点は原点のみである。

さらに f は C^2 級関数であり,$f_{xx} = 2$, $f_{xy} = 0$, $f_{yy} = -2$ であるから,$H(0,0) = 2 \cdot (-2) - 0^2 = -4 < 0$ より,原点 $(0,0)$ は極大点でも極小点でもなく,鞍点である(図 **5.1**)。

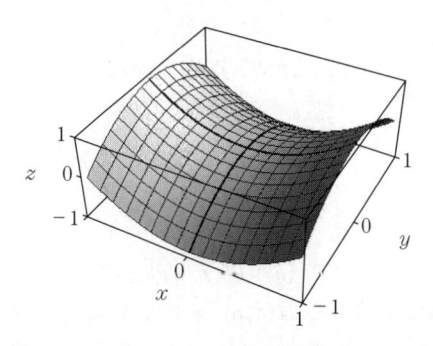

図 **5.1** 曲面 $z = x^2 - y^2$ の概形

例題 5.4 2変数関数 $f(x,y) = 2x^3 - 6xy + 3y^2$ の停留点をすべて求め，さらに極値もすべて求めよ．

解答例 $f_x = 6x^2 - 6y$, $f_y = -6x + 6y$ より，$f_x = f_y = 0$ を解くと，$y = x^2 = x$ が得られる．よって $y = x = 0, 1$ となる．f は C^1 級関数なので，停留点は $(0,0)$ と $(1,1)$ のみである．

また，$f_{xx} = 12x$, $f_{xy} = -6$, $f_{yy} = 6$ であるから，$H(x,y) = 12x \cdot 6 - (-6)^2 = 72x - 36$ である．f は C^2 級関数であり，$H(0,0) = -36 < 0$ より，原点 $(0,0)$ は鞍点である．一方，$H(1,1) = 36 > 0$, $f_{xx}, f_{yy} > 0$ より，点 $(1,1)$ は極小点であり，極小値は $f(1,1) = -1$ である． ◆

練習 5.4 $f(x,y) = x^3 - 3xy + y^3$ の極値と鞍点をすべて求めよ．

5.4 陰関数の定理

2変数 x, y がある関係式をみたしながら変化するとき，x と y の間の関係を関数とみなすことがある．これを陰関数という．一方，$y = g(x)$ という形の通常の関数を陽関数ということがある．

定義 5.7 (曲線の特異点と通常点) C^1 級の2変数関数 $f(x,y)$ に対し，$f(x,y) = 0$ となる点全体の集合

$$C = \{(x,y) | f(x,y) = 0\}$$

は，xy 座標平面上の（一般に）**曲線**を表す．このとき f の停留点，すなわち

$$f_x(a,b) = f_y(a,b) = 0$$

をみたす点 (a,b) を曲線 C の**特異点**といい，特異点以外の点を C の**通常**

点という。

定理 5.7 (陰関数の定理)　C^1 級の 2 変数関数 $f(x,y)$ が定める曲線 C: $f(x,y) = 0$ が点 (a,b) において，$f(a,b) = 0$, $f_y(a,b) \neq 0$ をみたすとき，点 (a,b) の近傍において，$y = g(x)$ と解け，次式が成り立つ．

$$g'(x) = -\frac{f_x(x, g(x))}{f_y(x, g(x))} \tag{5.8}$$

証明　曲線 C 上にある点 (a,b) の近傍の点を $(a+h, b+k)$ とすると，定理 5.4 の $n=1$ の場合より

$$f(a+h, b+k) = f(a,b) + hf_x(a+\theta h, b+\theta k) + kf_y(a+\theta h, b+\theta k)$$
$$(0 < \theta < 1)$$

となる．$f(a,b) = f(a+h, b+k) = 0$ より

$$hf_x(a+\theta h, b+\theta k) + kf_y(a+\theta h, b+\theta k) = 0$$

でなければならない．ここで f は C^1 級関数であることと $f_y(a,b) \neq 0$ から，十分小さい $|h|, |k|$ に対して $f_y(a+\theta h, b+\theta k) \neq 0$ である．これは点 (a,b) の近傍において

$$y - b = -\frac{f_x(a+\theta h, b+\theta k)}{f_y(a+\theta h, b+\theta k)}(x - a)$$

のように解けることを意味する．

そこで $y = g(x)$ とおくと

$$f(x, g(x)) = 0$$

となるので，定理 5.1(1) より

$$f_x(x, g(x)) + f_y(x, g(x))g'(x) = 0$$

となるから，これを解いて式 (5.8) を得る．　　□

例 5.5　単位円の方程式 $f(x,y) = x^2 + y^2 - 1 = 0$ は，点 $(\pm 1, 0)$ 以外の

点の近傍では陽に解ける†。実際，$y \neq 0$ のときは $f_y = 2y \neq 0$ であるから，定理 5.7 より $y = g(x)$ の形に陽に解けるのである。$g(x)$ の具体形は，$y > 0$ のときは $g(x) = \sqrt{1-x^2}$，$y < 0$ のときは $g(x) = -\sqrt{1-x^2}$ である。

また，式 (5.8) により

$$\frac{dy}{dx} = -\frac{f_x}{f_y} = -\frac{2x}{2y} = -\frac{x}{y}$$

である。これは単位円上の点 $P(x, y)$ とすると，直線 OP の傾き y/x と直交する直線の傾きに等しく，円の接線は半径に直交する性質によるものである。

定理 5.8 C^2 級の 2 変数関数 $f(x, y)$ の定める曲線 $C : f(x, y) = 0$ 上の点 (a, b) が $f(x, y)$ の停留点であるとき，次のことが成り立つ。
 (1) $H(a, b) > 0$ のとき，点 (a, b) の近傍に曲線 C の他の点はない。つまり，点 (a, b) は**孤立点**である。
 (2) $H(a, b) < 0$ のとき，点 (a, b) の近傍で曲線 C は 2 本の曲線である。つまり，点 (a, b) は**結節点**である。

証明 曲線 C 上にある点 (a, b) の近傍の点を $(a+h, b+k)$ とすると，定理 5.4 の $n = 2$ の場合より

$$0 = \frac{1}{2}(h^2 f_{xx}(a+\theta h, b+\theta k) + 2hk f_{xy}(a+\theta h, b+\theta k) \\ + k^2 f_{yy}(a+\theta h, b+\theta k)) \tag{5.9}$$

をみたす $0 < \theta < 1$ が存在する。ここで，$f(a, b) = f(a+h, b+k) = 0$，$f_x(a, b) = f_y(a, b) = 0$ を用いた。
 (1) $H(a, b) > 0$ のとき，f は C^2 級関数なので式 (5.9) の右辺は $|h|, |k|$ が十分小さいとき同符号である。つまり式 (5.9) の右辺が 0 になることはない。これは，点 (a, b) の近傍に曲線 C の他の点はないことを意味する。

---

† 陽に解けるとは，$y = g(x)$ の形に書けることをいう。

(2) $H(a,b) < 0$ のとき，f は C^2 級関数なので式 (5.9) の右辺は $|h|, |k|$ が十分小さいとき正にも負にもなり得る．すなわち，式 (5.9) の右辺は h, k の1次式の積に因数分解できる．これは，点 (a,b) の近傍で曲線 C は 2 本の曲線であることを意味する． □

例題 5.5 次の曲線 C の概形を描け．

$$C : 2x^3 - 6xy + 3y^2 = 0$$

解答例 $f(x,y) = 2x^3 - 6xy + 3y^2$ とおくと，例題 5.4 より，C の停留点の候補は $(0,0)$ と $(1,1)$ である．$f(0,0) = 0$ より，原点は C 上の点であるが，$f(1,1) = -1 \neq 0$ より，点 $(1,1)$ は C 上の点ではない．

例題 5.4 ですでに，$H(0,0) = -36 < 0$ を求めており，定理 5.8 より，原点は結節点である．より具体的には，例題 5.4 で求めた 2 階の偏導関数を用いると

$$R_2 = -6hk + 3k^2 = 3k(k - 2h) = 0$$

つまり，原点で曲線 C には 2 本の接線 $y = 0$ と $y = 2x$ が引けるのである（図 5.2）． ◆

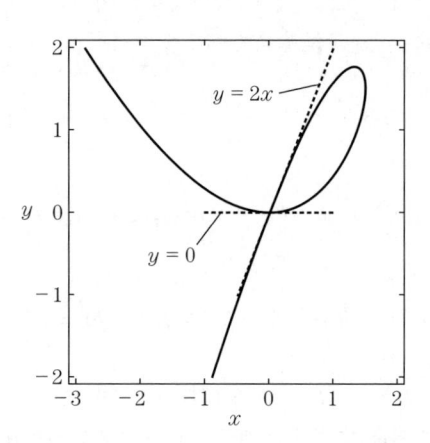

図 **5.2** 曲線 $C : 2x^3 - 6xy + 3y^2 = 0$ のグラフと 2 本の接線

練習 5.5 次の曲線 C の概形を描け。
$$C: 2x^3 - 3x^2 - y^2 = 0$$

5.5 条件付き極値

この節では 2 変数関数 $z = f(x, y)$ の極値を，$g(x, y) = 0$ の条件下で考察する。

もし陰関数 $g(x, y) = 0$ が y について $y = h(x)$ と陽に解けるならば，これを代入して $z = f(x, h(x))$ とすれば，1 変数の極値問題に帰着する。しかし，$h(x)$ の具体形を既知の関数で表すのは一般には難しい。ではどうすればよいか。その処方箋を与えるのが次の定理である。

定理 5.9 （ラグランジュの未定係数法） f, g を C^1 級の 2 変数関数とする。いま，$g(x, y) = 0$ の条件下で $f(x, y)$ が点 (a, b) で極値をとるとする。点 (a, b) が曲線 $g(x, y) = 0$ の特異点でなければ，点 (a, b) は次の連立方程式の解である。

$$\begin{cases} g(x, y) = 0 \\ f_x = \lambda g_x \\ f_y = \lambda g_y \end{cases} \tag{5.10}$$

証明 点 (a, b) が曲線 $g(x, y) = 0$ の特異点でないという条件から，$g_x(a, b) \neq 0$ または $g_y(a, b) \neq 0$ が成り立っている。もし $g_y(a, b) \neq 0$ なら，$g(x, y) = 0$ は点 (a, b) の近傍で $y = h(x)$ と解ける（定理 5.7）。$F(x) = f(x, h(x))$ は $x = a$ で極値をとるから，$F'(a) = 0$ である。陰関数の定理（定理 5.7）から従う

$$h'(a) = -\frac{g_x(a, b)}{g_y(a, b)}$$

を

$$F'(a) = f_x(a, b) + h'(a) f_y(a, b) = 0$$

に代入すると
$$f_x(a,b) - \frac{g_x(a,b)}{g_y(a,b)} f_y(a,b) = 0 \tag{5.11}$$
となる。ここで
$$\lambda = \frac{f_y(a,b)}{g_y(a,b)}$$
とおくと，式 (5.11) より
$$f_x(a,b) = \lambda g_x(a,b)$$
が成り立つ。$g_x(a,b) \neq 0$ の場合も同様である。 □

例題 5.6 $g(x,y) = 2x^3 - 6xy + 3y^2 = 0$ の条件下で，2 変数関数 $f(x,y) = xy$ の極値を求めよ。

解答例 例題 5.5 より，曲線 $g(x,y) = 0$ の特異点は原点のみである。また，原点は曲線 $g(x,y) = 0$ の結節点であり，原点の近傍で第 1, 2, 3 象限にまたがっており，$f(x,y) = xy$ の値は正にも負にもなり得る。つまり，原点は鞍点であり，極値点ではない。

$(x,y) \neq (0,0)$ のとき，定理 5.9 より，極値をとる点は

$$f_x = \lambda g_x \qquad y = \lambda(6x^2 - 6y)$$
$$f_y = \lambda g_y \qquad x = \lambda(-6x + 6y)$$
$$2x^3 - 6xy + 3y^2 = 0$$

をみたす。$\lambda = 0$ なら $(x,y) = (0,0)$ となるので不適である。よって $\lambda \neq 0$，したがって $x, y \neq 0$ である。そこで

$$\frac{1}{6\lambda} = \frac{x^2 - y}{y} = \frac{-x + y}{x}$$

を解いて，$y^2 = x^3$ となる。これを $2x^3 - 6xy + 3y^2 = 0$ に代入して，$x \neq 0$ より，$(x,y) = \left(6^2/5^2, 6^3/5^3\right)$ を得る。このとき，$f(x,y) = 6^5/5^5$ であるが，曲線 $g(x,y) = 0$ の概形（例題 5.5）から，これが極大値であることは明らかである。 ◆

練習 5.6 $x^3 + y^3 - 3xy = 0$ の条件下で，2 変数関数 $f(x,y) = xy$ の極値を求めよ。

5.6　2 重 積 分

この節では，2 変数関数 $f(x,y)$ の平面上の領域における積分について考察する。1 変数関数の積分が面積と関係した（図 3.2）ように，2 変数関数 $f(x,y)$ の積分は，$f(x,y) \geqq 0$ のとき空間内のある領域の**体積**と関係がある（図 5.3）。

定義 5.8　（矩形[†]領域上の積分）　$D = [a,b] \times [c,d]$ 上で定義される関数 $f(x,y)$ の D 上の積分を次のように定義する。区間 $[a,b], [c,d]$ をそれぞれ n, m 等分

$$a = x_0 < x_1 < \cdots < x_{n-1} < x_n = b, \quad x_j = a + j\Delta x, \quad \Delta x = \frac{b-a}{n}$$
$$c = y_0 < y_1 < \cdots < y_{m-1} < y_m = d, \quad y_k = c + k\Delta y, \quad \Delta y = \frac{d-c}{m}$$

し，$D_{jk} = [x_{j-1}, x_j] \times [y_{k-1}, y_k]$ とおく。関数 $f(x,y)$ の D_{jk} における最大値を M_{jk}，最小値を m_{jk} とするとき，次の 2 種類のダルブー和

$$S_{nm}(f) := \sum_{j=1}^{n} \sum_{k=1}^{m} M_{jk} \Delta x \Delta y$$
$$s_{nm}(f) := \sum_{j=1}^{n} \sum_{k=1}^{m} m_{jk} \Delta x \Delta y$$

をそれぞれ，f の D の分割 Δ に対する過剰和，不足和という。過剰和，不足和が同じ値に収束するとき，すなわち

$$\lim_{n,m \to \infty} S_{nm}(f) = \lim_{n,m \to \infty} s_{nm}(f) = J$$

が成り立つとき，関数 f は D 上可積分であるという。また，この極限値 J を f の D 上での**定積分**といい

[†]　矩形（くけい）とは長方形のことである。

$$J = \iint_D f$$
$$= \iint_D f(x,y)dxdy$$
$$= \int_a^b dx \int_c^d dy f(x,y)$$

と記す（図 **5.3**）。

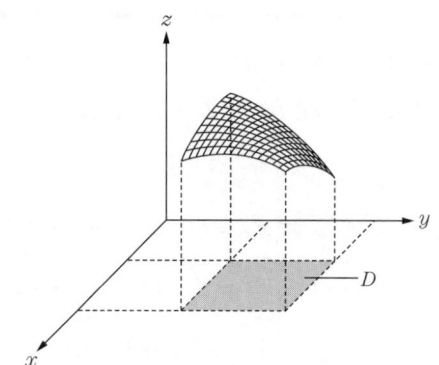

$f(x,y) \geqq 0$ のとき，$\iint_D f(x,y)dxdy$ は $z = f(x,y)$ と $z = 0$ の間の領域の体積に等しい。

図 5.3 2 重積分と体積の関係

定理 5.10 （累次積分） 2 変数関数 f が矩形 D で連続であるとき，D 上の積分は次の累次積分に等しい。

$$\iint_D f(x,y)dxdy = \int_c^d dy \left(\int_a^b f(x,y)dx \right)$$
$$= \int_a^b dx \left(\int_c^d f(x,y)dy \right)$$

一般の有界領域でも，累次積分の形に直すことができる。

証明 省略する。 □

例題 5.7 $D = \left[0, \frac{\pi}{2}\right] \times \left[0, \frac{\pi}{2}\right]$ のとき，$\displaystyle\int\!\!\int_D \sin(x+y) dxdy$ を求めよ。

解答例 まず x で積分する。

$$\int_0^{\frac{\pi}{2}} \sin(x+y) dx = \left[-\cos(x+y)\right]_0^{\frac{\pi}{2}}$$
$$= -\cos\left(\frac{\pi}{2}+y\right) + \cos y$$
$$= \sin y + \cos y$$

であるから

$$\int\!\!\int_D \sin(x+y) dxdy = \int_0^{\frac{\pi}{2}} (\sin y + \cos y) dy$$
$$= \left[-\cos y + \sin y\right]_0^{\frac{\pi}{2}}$$
$$= 1 - (-1) = 2$$

を得る。 ◆

練習 5.7 D を 3 点 $(0,0), (\pi,0), (\pi,\pi)$ を頂点とする三角形の周上および内部とする。このとき

$$\int\!\!\int_D \frac{y \sin x}{x} dxdy$$

を累次積分の形に 2 通りに書き，その値を求めよ。

定義 5.9 (広義積分) 2 重積分に対しても 1 重積分の場合と同様，積分領域の境界上などで関数の値が定義できていないような場合や，無限領域の場合に，積分の定義を拡張できる。これを**広義積分**という。

例題 5.8 次の広義積分が収束することを示し，その値を求めよ。

$$\int_0^1 dx \int_0^1 dy \frac{1}{\sqrt{x+y}}$$

解答例 y を固定して，x についての積分を先に実行する．

$$\int_0^1 \frac{dx}{\sqrt{x+y}} = \lim_{\varepsilon \to 0} [2\sqrt{x+y}]_\varepsilon^1$$
$$= 2(\sqrt{y+1} - \sqrt{y})$$

より

$$\text{(与式)} = 2\int_0^1 (\sqrt{y+1} - \sqrt{y})dy$$
$$= \frac{4}{3}\left[(y+1)^{\frac{3}{2}} - y^{\frac{3}{2}}\right]_0^1$$
$$= \frac{8}{3}(\sqrt{2} - 1)$$

を得る． ◆

練習 5.8 次の広義積分が収束することを示し，その値を求めよ．

$$\iint_D \frac{dxdy}{x^2 + y} \quad (\text{ただし，} D = [0,\infty) \times [0,1])$$

定理 5.11 $f(x,y)$ を $D = [a,b] \times [c,d]$ 上 C^1 級関数とする．このとき

$$F(y) = \int_a^b f(x,y)dx$$

は $[c,d]$ 上 C^1 級関数であり

$$F'(y) = \int_a^b f_y(x,y)dx \tag{5.12}$$

が成り立つ．

略証 $g(y) = \int_a^b f_y(x,y)dx$ とおくと，$c \leq t \leq d$ に対し

$$\int_c^t g(y)dy = \int_a^b dx \left(\int_c^t f_y(x,y)dy\right)$$
$$= \int_a^b (f(x,t) - f(x,c))dx$$
$$= F(t) - F(c)$$

が成り立つ．これは $F'(t) = g(t)$ を意味し，式 (5.12) が従う．　　□

最後にこの定理 5.11 を利用して，**パラメータを含む積分**について例題を通して説明する．

例題 5.9　$a, b > 0$ のとき，$I = \displaystyle\int_0^{\frac{\pi}{2}} \log(a^2 \cos^2 x + b^2 \sin^2 x) dx$ を求めよ．

解答例　定理 5.11 より

$$\frac{\partial I}{\partial a} = \int_0^{\frac{\pi}{2}} \frac{2a \cos^2 x}{a^2 \cos^2 x + b^2 \sin^2 x} dx$$

である．$a \neq b$ を仮定し，$t = \tan x$ とおくと

$$dx = \frac{dt}{1 + t^2}$$

より

$$\frac{\partial I}{\partial a} = \int_0^{+\infty} \frac{2a\, dt}{(a^2 + b^2 t^2)(1 + t^2)}$$

$$= \frac{2a}{a^2 - b^2} \int_0^{+\infty} \left(\frac{1}{1 + t^2} - \frac{b^2}{a^2 + b^2 t^2} \right) dt$$

$$= \frac{2a}{a^2 - b^2} \lim_{B \to +\infty} \left[\tan^{-1} t - \frac{b}{a} \tan^{-1} \frac{b}{a} t \right]_0^B$$

$$= \frac{2a}{a^2 - b^2} \frac{\pi}{2} \left(1 - \frac{b}{a} \right)$$

$$= \frac{\pi}{a + b} \tag{5.13}$$

となる．$a = b$ のときは

$$\frac{\partial I}{\partial a} = \int_0^{\frac{\pi}{2}} \frac{2 \cos^2 x}{a} dx$$

$$= \frac{\pi}{2a} \tag{5.14}$$

だから，結局式 (5.13) は $a = b$ のときも成り立つ．式 (5.13) を a で積分することにより

$$I(a,b) = \pi \log(a+b) + C \tag{5.15}$$

となる。ここで C は a に無関係な定数である。

$$I(a,a) = \int_0^{\frac{\pi}{2}} \log(a^2) dx$$
$$= \pi \log a$$

を式 (5.15) に代入して

$$\pi \log a = \pi \log(2a) + C$$

より

$$C = -\pi \log 2$$

である。これを再び式 (5.15) に代入して

$$I = \pi \log\left(\frac{a+b}{2}\right)$$

を得る。 ◆

練習 5.9 $a, b > 0$ のとき, $I = \displaystyle\int_0^{\frac{\pi}{2}} \frac{dx}{(a\cos^2 x + b\sin^2 x)^2}$ を求めよ。

5.7 変数変換公式

この節では 2 重積分における**積分変換公式**を導く。なお,難しいところなので,理論的な詳細は省略する。

定義 5.10 (行列と行列式) 行列 $A = \begin{bmatrix} a & b \\ c & d \end{bmatrix}$ に対し,その行列式 $|A|$ を $|A| = ad - bc$ により定義する。

定義 5.11 (ヤコビ行列式) $x = x(u,v), y = y(u,v)$ をそれぞれ C^1 級写像とするとき

$$J(u,v) = \frac{\partial(x,y)}{\partial(u,v)}$$

$$= \begin{vmatrix} \dfrac{\partial x}{\partial u} & \dfrac{\partial y}{\partial u} \\ \dfrac{\partial x}{\partial v} & \dfrac{\partial y}{\partial v} \end{vmatrix}$$

$$= \frac{\partial x}{\partial u}\frac{\partial y}{\partial v} - \frac{\partial y}{\partial u}\frac{\partial x}{\partial v}$$

をこの写像の**ヤコビ行列式**という。

例 5.6 極座標変換 $\begin{cases} x = r\cos\theta \\ y = r\sin\theta \end{cases}$ に対し，$J(r,\theta)$ を求めよう。

$$\frac{\partial x}{\partial r} = \cos\theta, \quad \frac{\partial y}{\partial r} = \sin\theta, \quad \frac{\partial x}{\partial \theta} = -r\sin\theta, \quad \frac{\partial y}{\partial \theta} = r\cos\theta$$

であるから

$$J(r,\theta) = \begin{vmatrix} \cos\theta & \sin\theta \\ -r\sin\theta & r\cos\theta \end{vmatrix}$$

$$= r\cos^2\theta - (-r\sin^2\theta)$$

$$= r$$

である。

定理 5.12 (**積分変換公式**) 平面上の領域 D, D' があり，C^1 級の座標変換 $g(u,v) = (x(u,v), y(u,v))$ により領域 D' から領域 D へ移るとする。すなわち

$$D = \{(x(u,v), y(u,v)) | (u,v) \in D'\}$$

であるとする。D 上可積分な関数 $f(x,y)$ に対し，関数 $f \circ g$ は D' 上可積

分で

$$\iint_D f(x,y)dxdy = \iint_{D'} (f \circ g)(u,v)|J(u,v)|dudv$$

が成り立つ。ここで，$|J(u,v)|$ は変換 g のヤコビ行列式の絶対値である。

| 証明 | 省略する。　　　　　　　　　　　　　　　　　　　　　　　□

例題 5.10 統計学などでよく現れる積分 $I = \int_{-\infty}^{+\infty} e^{-\frac{x^2}{2}} dx$ を求めよ。

| 解答例 | 2重積分

$$I^2 = \left(\int_{-\infty}^{+\infty} e^{-\frac{x^2}{2}} dx\right)\left(\int_{-\infty}^{+\infty} e^{-\frac{y^2}{2}} dy\right)$$
$$= \iint_{\mathbb{R}^2} e^{-\frac{x^2}{2}-\frac{y^2}{2}} dxdy$$

において極座標変換すると，積分領域は $\{(r,\theta)|0 \leq r, 0 \leq \theta < 2\pi\}$ となるので

$$I^2 = \int_0^{+\infty} dr \left(\int_0^{2\pi} e^{-\frac{r^2}{2}} r d\theta\right)$$
$$= 2\pi \lim_{b \to +\infty} \left[-e^{-\frac{r^2}{2}}\right]_0^b$$
$$= 2\pi$$

である。被積分関数 $e^{-\frac{x^2}{2}} > 0$ より，明らかに $I > 0$ であるから $I = \sqrt{2\pi}$ を得る。　　　　　　　　　　　　　　　　　　　　　　　　　　　　　　◆

注意 5.2 例題 5.10 で $\mathbb{R}$ 上で積分して 1 になるよう

$$f(x) = \frac{e^{-\frac{x^2}{2}}}{\sqrt{2\pi}}$$

と規格化した関数を，標準正規分布 N(0,1) の確率密度関数という。

練習 5.10 $D = \{(x,y)|0 < x^2 + y^2 \leq a^2\}$ のとき，広義積分 $\iint_D \log(x^2+y^2)dxdy$ を求めよ。

章 末 問 題

【1】 2変数関数 $f(x,y)$ に対して，次の式を点 (x,y) の極座標 r, θ を用いて表せ。

(1) $\left(\dfrac{\partial f}{\partial x}\right)^2 + \left(\dfrac{\partial f}{\partial y}\right)^2$

(2) $\dfrac{\partial^2 f}{\partial x^2} + \dfrac{\partial^2 f}{\partial y^2}$

【2】 $f(x,y) = xy, \; g(x,y) = \dfrac{x^2}{4} + \dfrac{y^2}{9} - 1$ として，次の問に答えよ。

(1) 陰関数 $g(x,y) = 0$ が $y = h(x)$ の形に陽に解けない点はどこか，すべて求めよ。

(2) $g(x,y) = 0$ の条件下で，$f(x,y)$ の極大値・極小値を求めよ。また，極値を与える点 (x,y) を求めよ。

【3】 次の問に答えよ。

(1) 広義積分 $\displaystyle\int_0^\pi \log \sin x\, dx$ が収束することを示し，その値を求めよ。

(2) $I(a) = \displaystyle\int_0^\pi \log(a + \cos x) dx$ を，パラメータ a による微分を用いて求めよ。ただし，$a \geqq 1$ とする。

【4】 回転放物面 $z = x^2 + y^2 - \dfrac{3}{4}$ と平面 $z = x$ で囲まれた領域の体積を求めよ。

> **コーヒーブレイク**

微分積分学を創った人々

　第3章で述べた通り，積分法のアイデアはすでに紀元前3世紀に古代ギリシャのアルキメデスが考案している．一方，微分法は地上の物体や天体の運動に関連して17世紀頃より研究された．微分法と積分法とがある意味逆の演算であること，すなわち現在「微分積分法の基本定理（定理3.3）」と呼ばれる定理を発見し，物理学の諸問題に適用したのがニュートンである．その成果をまとめた『自然哲学の数学的原理』は1687年に出版された．一方，ライプニッツもニュートンと独立に微分積分学を創始したとされている．現在使われている微分積分の記号の多くはライプニッツによるものである．

　18世紀のオイラーは，現在のような厳密な推論法がない中，微分積分に関連する多くの結果を残した．厳密な推論法とは，19世紀にコーシーやボルツァーノが発展させ，ワイエルシュトラスが完成させた ε–δ 論法である．本書でも第2章で触れた．理論的には大変重要だが，初学者には取っつきにくいのであまり深入りはしなかった．また，積分法の最初の厳密な定義を与えたリーマンも19世紀の数学者である．

　このように，2000年以上に渡って多くの人々の貢献により創られた微分積分学をわれわれはここまで学んできた．本書で扱った内容は，微分積分学の全貌からすればほんの初歩的なごくごく一部である．特に第5章では多変数の微分積分法のうち，2変数の微分法と二重積分についてのみしか扱ってない．ただし，容易に多変数化できるように書いたつもりであるので，専門分野で必要に迫られた場合は再び本書を紐解いてほしい．問題解決のヒントが得られるであろう．

引用・参考文献

- 微分積分の教科書はすでに多数出版されている．そのうち，著者が微分積分を学ぶ際に使用したもの，および微分積分の講義で参考書として指定したことのある本をいくつか挙げておく．
1) 杉浦光夫：解析入門 I・II，東京大学出版会（1980, 1985）
2) 斎藤正彦：はじめての微積分 (上)・(下)，朝倉書店（2002, 2003）
3) 石村園子：やさしく学べる微分積分，共立出版（1999）
4) 寺田文行：新微分積分，サイエンス社（1979）

- 常微分方程式については，次の本が参考になる．
5) 竹之内脩：常微分方程式，学研メディカル秀潤社（1985）

- 微分積分の演習書として，以下の本などがある．後者は演習書を謳ってはいないが，副題からわかるように演習書としての性格をもつ．
6) 杉浦光夫，金子 晃，清水英男，岡本和夫：解析演習，東京大学出版会（1989）
7) 磯崎 洋，筧 知之，木下 保，籠屋恵嗣，砂川秀明，竹山美宏：微積分学入門–例題を通して学ぶ解析学–，培風館（2008）

- 最後に，本書コーヒーブレイクで書いた数学史や人物伝に関する参考書を挙げておこう．
8) 佐々木力：数学史入門–微分積分学の成立，筑摩書房（2005）
9) 中根美知代：ε-δ 論法とその形成，共立出版（2010）
10) ロバート・カニーゲル：無限の天才—夭逝の数学者・ラマヌジャン，田中靖夫訳，工作舎（1994）

練習問題解答

【1 章】

練習 1.1 式 (1.3) の左辺は $n+1$ 個から r 個を選ぶ組合せの数である。このとき，$n+1$ 個のうちの 1 個に目をつける。その 1 個が選ばれなければ残り n 個から r 個選ばなければならないが，その選び方は ${}_nC_r$ 通りである。また，その 1 個が選ばれれば残り n 個から $r-1$ 個選ばなければならないが，その選び方は ${}_nC_{r-1}$ 通りである。これらは式 (1.3) の右辺の第 1 項と第 2 項であり，よって式 (1.3) は成り立つ。

$\boxed{\text{別解}}$ ${}_nC_r = \dfrac{n!}{r!(n-r)!}$ より

$$\begin{aligned}
(\text{右辺}) &= \frac{n!}{r!(n-r)!} + \frac{n!}{(r-1)!(n-r+1)!} \\
&= \frac{n!(n-r+1)}{r!(n-r+1)!} + \frac{n!r}{r!(n-r+1)!} \\
&= \frac{(n+1)!}{r!(n-r+1)!} = (\text{左辺}) \text{ を得る。}
\end{aligned}$$

練習 1.2 もし $\sqrt{3}$ が有理数であると仮定すると，$\sqrt{3} > 0$ より，ある自然数 p, q を用いて

$$\sqrt{3} = \frac{p}{q} \tag{解 1.1}$$

と書ける。ここで p と q がたがいに素である。式 (解 1.1) の両辺を 2 乗して

$$3 = \frac{p^2}{q^2}, \text{すなわち } p^2 = 3q^2$$

p^2 は 3 の倍数だから，p も 3 の倍数である。そこで，$p = 3p'$ とおくと

$$(3p')^2 = 3q^2, \text{すなわち } q^2 = 3p'^2$$

よって，q^2 が 3 の倍数だから，q も 3 の倍数である。これで p も q も 3 の倍数となり，p と q がたがいに素という仮定に反する。よって，$\sqrt{3}$ は有理数ではない。 □

練習 1.3　$\sqrt{3} = 1 + (\sqrt{3} - 1)$, $\dfrac{1}{\sqrt{3}-1} = \dfrac{\sqrt{3}+1}{2} = 1 + \dfrac{\sqrt{3}-1}{2}$, $\dfrac{2}{\sqrt{3}-1} = \sqrt{3} + 1 = 2 + (\sqrt{3}-1)$ より

$$\sqrt{3} = 1 + (\sqrt{3}-1) = 1 + \cfrac{1}{\cfrac{1}{\sqrt{3}-1}}$$

$$= 1 + \cfrac{1}{1 + \cfrac{\sqrt{3}-1}{2}} = 1 + \cfrac{1}{1 + \cfrac{1}{\cfrac{2}{\sqrt{3}-1}}}$$

$$= 1 + \cfrac{1}{1 + \cfrac{1}{2 + \cfrac{1}{1 + \cfrac{1}{2 + \ddots}}}}$$

が $\sqrt{3}$ の連分数表示である。

$\sqrt{5} = 2 + (\sqrt{5}-2)$, $\dfrac{1}{\sqrt{5}-2} = \sqrt{5} + 2 = 4 + (\sqrt{5}-2)$ より

$$\sqrt{5} = 2 + (\sqrt{5}-2) = 2 + \cfrac{1}{\sqrt{5}+2}$$

$$= 2 + \cfrac{1}{4 + (\sqrt{5}-2)} = 2 + \cfrac{1}{4 + \cfrac{1}{\sqrt{5}+2}}$$

$$= 2 + \cfrac{1}{4 + \cfrac{1}{4 + \cfrac{1}{4 + \ddots}}}$$

が $\sqrt{5}$ の連分数表示である。

練習 1.4　$p_n^2 - 5q_n^2 = \pm 1$ ではなく，$p_n^2 - 5q_n^2 = 0$ ならば，$\dfrac{p_n}{q_n} = \sqrt{5}$ である。$(p_n, q_n > 0$ だから$)$ よって例題 1.4 をまねて，練習 1.3 の $\sqrt{5}$ の連分数表示を有限ステップ (n ステップ) で切ったものを a_n とし，これを既約分数表示したものを $\dfrac{p_n}{q_n}$ とおく。すると

$$a_{n+1} = 2 + \cfrac{1}{2 + a_n} = 2 + \cfrac{1}{2 + \cfrac{p_n}{q_n}} = \dfrac{2p_n + 5q_n}{p_n + 2q_n}$$

すなわち

$$\begin{cases} p_{n+1} = 2p_n + 5q_n \\ q_{n+1} = p_n + 2q_n \end{cases}$$

が成り立つ（厳密には，$\dfrac{p_n}{q_n}$ が既約分数なら $(2p_n+5q_n)/(p_n+2q_n)$ も既約分数であることを示す必要があるが，ここでは省略する）．実は，$(2\pm\sqrt{5})^n = p_n \pm q_n\sqrt{5}$（ただし，$p_n, q_n$ は自然数）が成り立っている．実際，$a_n = 2 = \dfrac{2}{1}$ より $p_1 = 2$，$q_1 = 1$

$$\begin{aligned}(2\pm\sqrt{5})^{n+1} &= (p_n \pm q_n\sqrt{5})(2\pm\sqrt{5}) \\ &= (2p_n + 5q_n) \pm (p_n + 2q_n)\sqrt{5}\end{aligned}$$

より，p_n, q_n と同じ初期条件と漸化式が成り立つからである．よって

$$\begin{aligned}(p_n + q_n\sqrt{5})(p_n - q_n\sqrt{5}) &= (2+\sqrt{5})^n(2-\sqrt{5})^n \\ p_n^2 - 5q_n^2 &= \{(2+\sqrt{5})(2-\sqrt{5})\}^n = (-1)^n\end{aligned}$$

が成り立つ．

ここでわかったことは，$\sqrt{5}$ の連分数表示からつくった p_n, q_n は $p_n^2 - 5q_n^2 = \pm 1$ の自然数解を与えていることである．これ以外に解がないことは別途証明が必要であるが，例題 1.4 と同様難しいのでここでは省略する．

練習 1.5

(1) $\cos x = \dfrac{1}{2}$ となるのは，$0 \leqq x \leqq 2\pi$ では $x = \dfrac{\pi}{3}, \dfrac{5\pi}{3}$ である．

(2) $\cos x < \dfrac{1}{2}$ となるのは，$0 \leqq x \leqq 2\pi$ では $\dfrac{\pi}{3} < x < \dfrac{5\pi}{3}$ である．

(3) $\sin x = -\dfrac{1}{2}$ となるのは，$0 \leqq x \leqq 2\pi$ では $x = \dfrac{7\pi}{6}, \dfrac{11\pi}{6}$ である．

(4) $\sin x > -\dfrac{1}{2}$ となるのは，$0 \leqq x \leqq 2\pi$ では $0 \leqq x < \dfrac{7\pi}{6}, \dfrac{11\pi}{6} < x \leqq 2\pi$ である．

練習 1.6

(1) 半角公式より

$$\cos^2 \dfrac{\pi}{8} = \dfrac{1 + \cos\dfrac{\pi}{4}}{2} = \dfrac{1 + \dfrac{1}{\sqrt{2}}}{2} = \dfrac{2+\sqrt{2}}{4}$$

$\cos\dfrac{\pi}{8} > 0$ より，$\cos\dfrac{\pi}{8} = \dfrac{\sqrt{2+\sqrt{2}}}{2}$

(2) 加法定理より

$$\tan\frac{5\pi}{12} = \tan\left(\frac{\pi}{4}+\frac{\pi}{6}\right) = \frac{\tan\frac{\pi}{4}+\tan\frac{\pi}{6}}{1-\tan\frac{\pi}{4}\tan\frac{\pi}{6}} = \frac{1+\frac{1}{\sqrt{3}}}{1-\frac{1}{\sqrt{3}}}$$

$$= \frac{\sqrt{3}+1}{\sqrt{3}-1} = 2+\sqrt{3}$$

(3) 加法定理より

$$\sin\frac{-7\pi}{12} = -\sin\left(\frac{\pi}{3}+\frac{\pi}{4}\right) = -\sin\frac{\pi}{3}\cos\frac{\pi}{4} - \cos\frac{\pi}{3}\sin\frac{\pi}{4} = -\frac{\sqrt{3}+1}{2\sqrt{2}}$$

練習 1.7　$BC = a$, $CA = b$, $AB = c$, $\angle BAC = A$ とおく。$\triangle GAB$ は、$\angle AGB = 120°$ を頂角とする二等辺三角形であるから、$AG = \dfrac{c}{\sqrt{3}}$ となる。同様に、$AI = \dfrac{b}{\sqrt{3}}$ である。$\angle GAB = \angle IAC = 30°$ であるから、$\angle GAI = A + 60°$ である。$\triangle AGI$ に余弦定理を適用して

$$GI^2 = \left(\frac{b}{\sqrt{3}}\right)^2 + \left(\frac{c}{\sqrt{3}}\right)^2 - 2\frac{b}{\sqrt{3}}\frac{c}{\sqrt{3}}\cos(A+60°)$$

$$= \frac{b^2}{3} + \frac{c^2}{3} - 2\frac{bc}{3}(\cos A\cos 60° - \sin A\sin 60°)$$

$$= \frac{b^2}{3} + \frac{c^2}{3} - \frac{bc}{3}\cos A + \frac{bc}{\sqrt{3}}\sin A$$

$\triangle ABC$ に関する余弦定理より

$$\cos A = \frac{b^2+c^2-a^2}{2bc}$$

となる。また $\triangle ABC$ の面積を S とおくと

$$S = \frac{1}{2}bc\sin A$$

となる。これらを代入して

$$GI^2 = \frac{a^2+b^2+c^2}{6} + \frac{2}{\sqrt{3}}S$$

これは a, b, c について対称な式であるから

$$GI^2 = GH^2 = HI^2$$

よって，△GHI は正三角形である。　　　　　　　　　　　　　　　　□

別解　△ACD と △AFB において，$AC = AF = b$, $AD = AB = c$, $\angle CAD = \angle FAB = A + 60°$ となり，二辺とその間の角が等しいので △ACD ≡ △AFB となる。よって

$$CD = FB \tag{解 1.2}$$

一方，△ACD と △AIG において，$AC : AI = AD : AG = \sqrt{3} : 1$，$\angle CAD = \angle IAG = A + 60°$ より，△ACD ∼ △AIG (∼ は英語圏で使用される相似の記号) で，その相似比は $\sqrt{3} : 1$ である。よって

$$IG = \frac{1}{\sqrt{3}} CD \tag{解 1.3}$$

同様に △CBF ∼ △CHI で，その相似比は $\sqrt{3} : 1$ である。よって

$$IH = \frac{1}{\sqrt{3}} FB \tag{解 1.4}$$

式 (解 1.2)〜式 (解 1.4) より，$IG = IH$ となる。
同様な議論を繰り返すと，△BCD ≡ △BEA より

$$CD = EA \tag{解 1.5}$$

△BEA ∼ △BHG で，その相似比は $\sqrt{3} : 1$ より

$$HG = \frac{1}{\sqrt{3}} EA \tag{解 1.6}$$

式 (解 1.3), (解 1.5), (解 1.6) より，$HG = IG$ となる。よって，$HG = IG = IH$ となるから，△GHI は正三角形である。　　　　　　　　　　　　　　　　□

練習 1.8

(1) $\sin^{-1} \frac{1}{2} = x$ とおくと，$\sin x = \frac{1}{2}$ $\left(\text{ただし}, -\frac{\pi}{2} \leqq x \leqq \frac{\pi}{2}\right)$ と等価である。よって，$x = \sin^{-1} \frac{1}{2} = \frac{\pi}{6}$ となる。

(2) $\cos^{-1} \frac{1}{2} = x$ とおくと，$\cos x = \frac{1}{2}$ (ただし, $0 \leqq x \leqq \pi$) と等価である。よって，$x = \cos^{-1} \frac{1}{2} = \frac{\pi}{3}$ となる。

(3) $\tan^{-1} 1 = x$ とおくと，$\tan x = 1$ $\left(\text{ただし}, -\frac{\pi}{2} < x < \frac{\pi}{2}\right)$ と等価である。よって，$x = \tan^{-1} 1 = \frac{\pi}{4}$ となる。

練習 1.9

(1) 有理数乗の定義により

$$8^{\frac{2}{3}} = \sqrt[3]{8^2} = \sqrt[3]{64} = 4$$

(2) $\log_{10} 2 + \log_{10} 5 = \log_{10}(2 \cdot 5) = \log_{10} 10 = 1$

(3) (1) より，$\log_8 4 = \dfrac{2}{3}$ となる。

　　別解　底の変換公式より $\log_8 4 = \dfrac{\log_2 4}{\log_2 8} = \dfrac{2}{3}$

【2章】

練習 2.1

(1) $\dfrac{1}{k(k+1)} = \dfrac{1}{k} - \dfrac{1}{k+1}$ より

$$\dfrac{1}{1\cdot 2} + \dfrac{1}{2\cdot 3} + \cdots + \dfrac{1}{n(n+1)}$$
$$= \left(1 - \dfrac{1}{2}\right) + \left(\dfrac{1}{2} - \dfrac{1}{3}\right) + \cdots \left(\dfrac{1}{n} - \dfrac{1}{n+1}\right)$$
$$= 1 - \dfrac{1}{n+1}$$

よって

$$\lim_{n\to\infty}\left(\dfrac{1}{1\cdot 2} + \dfrac{1}{2\cdot 3} + \cdots + \dfrac{1}{n(n+1)}\right) = 1$$

(2) $\sqrt{n^2+n+1} - n = \dfrac{(\sqrt{n^2+n+1} - n)(\sqrt{n^2+n+1} + n)}{\sqrt{n^2+n+1} + n}$

$$= \dfrac{(n^2+n+1) - n^2}{\sqrt{n^2+n+1} + n}$$

$$= \dfrac{1 + \dfrac{1}{n}}{\sqrt{1 + \dfrac{1}{n} + \dfrac{1}{n^2}} + 1}$$

より

$$\lim_{n\to\infty}\left(\sqrt{n^2+n+1} - n\right) = \dfrac{1}{2}$$

練習 2.2　$r = 1$ のとき，明らかに

$$S_n = na$$

より $\{S_n\}$ は発散する。$r \neq 1$ のとき

$$S_n - rS_n = \sum_{k=1}^{n}(ar^{k-1} - ar^k) = a(1 - r^n)$$

を用いて

$$S_n = \frac{a(1-r^n)}{1-r}$$

である。よって，$a \neq 0$ ならば，$-1 < r < 1$ のときに限り $\{S_n\}$ は収束し，その極限値は

$$S_n \to \frac{a}{1-r} \quad (n \to \infty)$$

で与えられる。ここで，式 (2.1) を用いた。$|r| \geqq 1$ のときは $\{S_n\}$ は発散する。

練習 2.3 例題 2.3 の $\{a_n\}$ を用いて

$$1.1^{10} = \left(1 + \frac{1}{10}\right)^{10} = a_{10}, \qquad 1.01^{100} = \left(1 + \frac{1}{100}\right)^{100} = a_{100}$$

と書ける。例題 2.3(2) より $\{a_n\}$ は単調増加なので，$a_{10} < a_{100}$ である。つまり，1.01^{100} のほうが大きい。

練習 2.4

(1) $n = 2^k$ とおくと

$$\begin{aligned}
a_n &= 1 + \frac{1}{2} + \left(\frac{1}{3} + \frac{1}{4}\right) + \left(\frac{1}{5} + \cdots + \frac{1}{8}\right) + \cdots + \left(\frac{1}{2^{k-1}+1} + \cdots + \frac{1}{2^k}\right) \\
&> 1 + \frac{1}{2} + \frac{1}{4} \times 2 + \frac{1}{8} \times 4 + \cdots + \frac{1}{2^k} \times 2^{k-1} \\
&= 1 + \underbrace{\frac{1}{2} + \frac{1}{2} + \frac{1}{2} + \cdots + \frac{1}{2}}_{k \text{ 個}} = 1 + \frac{k}{2}
\end{aligned}$$

ここで，$k \to \infty$ とすると，$\{a_n\}$ は発散する。

(2) $\{b_n\}$ は明らかに単調増加列だから，収束することをいうには上に有界であることを示せばよい。

$$\begin{aligned}
b_n &< 1 + \frac{1}{1 \cdot 2} + \frac{1}{2 \cdot 3} + \cdots + \frac{1}{(n-1)n} \\
&= 1 + \left(1 - \frac{1}{2}\right) + \left(\frac{1}{2} - \frac{1}{3}\right) + \cdots + \left(\frac{1}{n-1} - \frac{1}{n}\right) \\
&= 2 - \frac{1}{n} < 2
\end{aligned}$$

より，$b_n < 2$ である．よって $\{b_n\}$ は収束する．

注意 $\{b_n\}$ の極限値は $\dfrac{\pi^2}{6}$ であることが知られている．一般に，収束することを示せても，極限値を求めるのは難しいことが多い．

練習 2.5 $a_n = 2\cos\dfrac{\pi}{3\cdot 2^n},\ b_n = 2\sin\dfrac{\pi}{3\cdot 2^n}$ とおく．すると

$$\cos\frac{\pi}{6} = \frac{\sqrt{3}}{2} \text{ より}$$

$$a_1 = \sqrt{3}, \qquad b_1 = 1$$

$$\cos^2\frac{\pi}{12} = \frac{1+\cos\dfrac{\pi}{6}}{2} = \frac{2+\sqrt{3}}{4} \text{ より}$$

$$a_2 = \sqrt{2+\sqrt{3}}, \qquad b_2 = \sqrt{2-\sqrt{3}}$$

$$\cos^2\frac{\pi}{24} = \frac{1+\cos\dfrac{\pi}{12}}{2} = \frac{2+\sqrt{2+\sqrt{3}}}{4} \text{ より}$$

$$a_3 = \sqrt{2+\sqrt{2+\sqrt{3}}}, \qquad b_3 = \sqrt{2-\sqrt{2+\sqrt{3}}}$$

一般に

$$a_n = \underbrace{\sqrt{2+\sqrt{2+\sqrt{2+\cdots+\sqrt{3}}}}}_{n\text{ 個}}$$

$$b_n = \underbrace{\sqrt{2-\sqrt{2+\sqrt{2+\cdots+\sqrt{3}}}}}_{n\text{ 個}}$$

が成り立つ．

さて $N = 3\cdot 2^n$ のとき $l_N = 3\cdot 2^{n-1} b_n$ である．$\{l_N\}$ は $N \to \infty$ で π に収束するが，実際

$$3\,b_1 = 3$$
$$6\,b_2 = 6\sqrt{2-\sqrt{3}} = 3.1058\cdots$$
$$12\,b_3 = 12\sqrt{2-\sqrt{2+\sqrt{3}}} = 3.1326\cdots$$
$$24\,b_4 = 24\sqrt{2-\sqrt{2+\sqrt{2+\sqrt{3}}}} = 3.13935\cdots$$

のように近づいていることがわかる。

練習 2.6

(1) $\dfrac{\sqrt{x+3}-2}{x-1} = \dfrac{(\sqrt{x+3}-2)(\sqrt{x+3}+2)}{(x-1)(\sqrt{x+3}+2)} = \dfrac{(x+3)-4}{(x-1)(\sqrt{x+3}+2)}$

より

$$\lim_{x\to 1}\dfrac{\sqrt{x+3}-2}{x-1} = \lim_{x\to 1}\dfrac{1}{\sqrt{x+3}+2} = \dfrac{1}{2+2} = \dfrac{1}{4}$$

(2) 加法定理より $\sin 2x = 2\sin x \cos x$ であるから

$$\lim_{x\to 0}\dfrac{\sin 2x}{\sin x} = \lim_{x\to 0} 2\cos x = 2\cos 0 = 2$$

(3) $\dfrac{1-\cos x}{x^2} = \dfrac{(1-\cos x)(1+\cos x)}{x^2(1+\cos x)} = \dfrac{1-\cos^2 x}{x^2(1+\cos x)}$

より

$$\lim_{x\to 0}\dfrac{1-\cos x}{x^2} = \lim_{x\to 0}\left(\dfrac{\sin x}{x}\right)^2 \dfrac{1}{1+\cos x} = \dfrac{1}{2}$$

練習 2.7

(1) $h(t) = 4.9t(2-t) = 0$ を解いて, $t=2$ となる. よって, 2 秒後である.

注意 もう一つの解 $t=0$ は, 地上から投げ上げた瞬間を指している. 「再び」地上に落ちてくるのは $t>0$ の解と考えられる.

(2) $h(t) = -4.9(t-1)^2 + 4.9$ と平方完成できるから, ボールが最高点に達するのは 1 秒後である.

$h'(t) = 9.8 - 9.8t$ より, $h'(1) = 0$ となる. つまり, 最高点に達した時刻における瞬間速度は 0 メートル/秒である.

注意 最高点に達するとは, その瞬間は上がりきって上に上昇もしなければ下に下降もしていない状況だから, 速度は 0 と考えられるのである.

練習 2.8 $f(x) = \sqrt{x}$ とおくと

$$\dfrac{f(x+h)-f(x)}{h} = \dfrac{(\sqrt{x+h}-\sqrt{x})(\sqrt{x+h}+\sqrt{x})}{h(\sqrt{x+h}+\sqrt{x})} = \dfrac{(x+h)-x}{h(\sqrt{x+h}+\sqrt{x})}$$

より

$$f'(x) = \lim_{h\to 0}\dfrac{f(x+h)-f(x)}{h} = \lim_{h\to 0}\dfrac{1}{\sqrt{x+h}+\sqrt{x}} = \dfrac{1}{2\sqrt{x}}$$

を得る.

練習 2.9

(1) 命題 2.11(1), (2) より

$$(x^4 - 2x^3 + 3x^2 - 4x + 5)' = (x^4)' - 2(x^3)' + 3(x^2)' - 4(x)' + 5(1)'$$
$$= 4x^3 - 6x^2 + 6x - 4$$

(2) 命題 2.11(4) より

$$\left(\frac{x}{x^2-1}\right)' = \frac{(x)'(x^2-1) - x(x^2-1)'}{(x^2-1)^2}$$
$$= \frac{(x^2-1) - x(2x)}{(x^2-1)^2} = -\frac{x^2+1}{(x^2-1)^2}$$

(3) 命題 2.11(4) より

$$\left(\frac{1}{x^n}\right)' = \frac{-1 \cdot (x^n)'}{(x^n)^2} = -\frac{nx^{n-1}}{x^{2n}} = -\frac{n}{x^{n+1}}$$

注意 (3) により n が自然数のとき, $(x^{-n})' = (-n)x^{-n-1}$ が成り立つ. つまり, 例題 2.6 の公式 $(x^n)' = nx^{n-1}$ は負の整数に対しても成り立つことがわかる.

練習 2.10

(1) $2x + 3 = t$ とおけば, $(t^4)' = 4t^3, (2x+3)' = 2$ より

$$((2x+3)^4)' = 4t^3 \cdot 2 = 8(2x+3)^3$$

(2) $x^2 + 1 = t$ とおけば, $(t^3)' = 3t^2, (x^2+1)' = 2x$ より

$$((x^2+1)^3)' = 3t^2 \cdot 2x = 6x(x^2+1)^2$$

(3) $2x + 3 = t$ とおけば, $(\sin t)' = \cos t, (2x+3)' = 2$ より

$$(\sin(2x+3))' = \cos t \cdot 2 = 2\cos(2x+3)$$

(4) 積の微分法（命題 2.11(3), ライプニッツ・ルール）を用いて

$$((2x+3)^2(3x-4)^3)'$$
$$= ((2x+3)^2)'(3x-4)^3 + (2x+3)^2((3x-4)^3)'$$
$$= (2 \cdot 2(2x+3))(3x-4)^3 + (2x+3)^2(3 \cdot 3(3x-4)^2)$$
$$= (4(3x-4) + 9(2x+3))(2x+3)(3x-4)^2$$
$$= (30x+11)(2x+3)(3x-4)^2$$

練習 2.11 $x = y^n$ と変形して，x を y 関数とみなす．このとき，式 (2.18) を用いて

$$y' = \frac{dy}{dx} = \frac{1}{\left(\dfrac{dx}{dy}\right)} = \frac{1}{ny^{n-1}} = \frac{1}{n\sqrt[n]{x^{n-1}}}$$

である．

注意 上の結果より，自然数 n に対して

$$\left(x^{\frac{1}{n}}\right)' = \frac{1}{n}x^{\frac{1}{n}-1}$$

となるので，例題 2.6 の公式 $(x^n)' = nx^{n-1}$ が n が自然数の逆数のときも成り立つことを意味する．

練習 2.12 $a = \dfrac{m}{n}$（ただし，m は整数，n は自然数）とおくと，$x^a = (x^{\frac{1}{n}})^m$ である．よって，練習 2.9(3)，練習 2.11，命題 2.12 を用いて

$$f'(x) = m(x^{\frac{1}{n}})^{m-1} \cdot \frac{1}{n}x^{\frac{1}{n}-1} = \frac{m}{n}x^{\frac{m}{n}-1}$$

より，$f'(x) = ax^{a-1}$ が示された． □

練習 2.13

(1) $x^2 = t$ とおくと，$(\tan t)' = \dfrac{1}{\cos^2 t}$, $(x^2)' = 2x$ より

$$(\tan(x^2))' = \frac{1}{\cos^2 t} \cdot 2x = \frac{2x}{\cos^2(x^2)}$$

(2) $2x + 3 = t$ とおけば，$(\sin^{-1} t)' = \dfrac{1}{\sqrt{1-t^2}}$, $(2x+3)' = 2$ より

$$\begin{aligned}
(\sin^{-1}(2x+3))' &= \frac{1}{\sqrt{1-t^2}} \cdot 2 \\
&= \frac{2}{\sqrt{1-(2x+3)^2}} \\
&= \frac{2}{\sqrt{-(2x+2)(2x+4)}} \\
&= \frac{1}{\sqrt{-(x+1)(x+2)}}
\end{aligned}$$

(3) 積の微分法より

$$\begin{aligned}
(\sin x \cos^{-1} x)' &= (\sin x)' \cos^{-1} x + \sin x (\cos^{-1} x)' \\
&= \cos x \cos^{-1} x - \frac{\sin x}{\sqrt{1-x^2}}
\end{aligned}$$

練習 **2.14**

(1) $y = x^{\sin x}$ の両辺の対数をとり

$\log y = \sin x \log x$

両辺を x で微分して

$\dfrac{y'}{y} = (\sin x)' \log x + \sin x (\log x)' = \cos x \log x + \sin x \dfrac{1}{x}$

よって

$y' = y \left(\cos x \log x + \dfrac{\sin x}{x} \right) = x^{\sin x} \left(\cos x \log x + \dfrac{\sin x}{x} \right)$

(2) $y = x^{\log x}$ の両辺の対数をとり

$\log y = \log x \log x = (\log x)^2$

両辺を x で微分して

$\dfrac{y'}{y} = 2 \log x (\log x)' = \dfrac{2 \log x}{x}$

よって

$y' = y \dfrac{2 \log x}{x} = 2 \log x \cdot x^{\log x - 1}$

【3章】

練習 **3.1**

(1) $k(k+1)(k+2) = \dfrac{k(k+1)(k+2)((k+3) - (k-1))}{4}$

$= \dfrac{k(k+1)(k+2)(k+3)}{4} - \dfrac{(k-1)k(k+1)(k+2)}{4}$ より

$\displaystyle\sum_{k=1}^{n} k(k+1)(k+2) = \dfrac{n(n+1)(n+2)(n+3)}{4}$

を得る。

(2) $\displaystyle\sum_{k=1}^{n}(k^3 + 3k^2 + 2k) = \dfrac{n(n+1)(n+2)(n+3)}{4}$ と $\displaystyle\sum_{k=1}^{n} k^2 = \dfrac{n(n+1)(2n+1)}{6}$,

$\displaystyle\sum_{k=1}^{n} k = \dfrac{n(n+1)}{2}$ より

$$\sum_{k=1}^{n} k^3 = \frac{n(n+1)(n+2)(n+3)}{4} - \frac{n(n+1)(2n+1)}{2} - n(n+1)$$

$$= \frac{n^2(n+1)^2}{4}$$

よって, $f(x) = x^3$ のとき

$$S_n(f) = \sum_{k=1}^{n} f\left(\frac{k}{n}\right) \frac{1}{n}$$

$$= \sum_{k=1}^{n} \frac{k^3}{n^4}$$

$$= \frac{(n+1)^2}{4n^2} = \frac{1}{4}\left(1 + \frac{1}{n}\right)^2$$

より

$$\int_0^1 x^3 dx = \lim_{n \to \infty} S_n(f) = \frac{1}{4}$$

を得る。

練習 3.2

(1) $x_k = \dfrac{\pi k}{2n}, \quad \Delta x = \dfrac{\pi}{2n}$

(2) 積和公式を用いて

$$\cos\frac{\pi k}{2n} \sin\frac{\pi}{4n} = \frac{1}{2}\left(\sin\frac{2k+1}{4n}\pi - \sin\frac{2k-1}{4n}\pi\right)$$

よって

$$S_n = \frac{\pi}{2n} \sum_{k=1}^{n} \cos\frac{\pi k}{2n}$$

$$= \frac{\pi}{2n} \sum_{k=1}^{n} \frac{\sin\frac{2k+1}{4n}\pi - \sin\frac{2k-1}{4n}\pi}{2\sin\frac{\pi}{4n}}$$

$$= \frac{\pi}{4n} \frac{\sin\frac{2n+1}{4n}\pi - \sin\frac{\pi}{4n}}{\sin\frac{\pi}{4n}}$$

(3) $\displaystyle\int_0^{\frac{\pi}{2}} \cos x \, dx = \lim_{n \to \infty} S_n = \left(\sin\frac{\pi}{2} - \sin 0\right) \lim_{n \to \infty} \frac{\frac{\pi}{4n}}{\sin\frac{\pi}{4n}} = 1$

練習 3.3 $f(x) = x$ は単調増加関数なので, $[a, b]$ 上可積分である。区間 $[a, b]$ を n 等分すると

である。$a = x_0 < x_1 < \cdots < x_n = b, \quad x_k = a + \dfrac{b-a}{n}k \ (0 \leqq k \leqq n)$

である。過剰和を求めると
$$S_n(f) = \sum_{k=1}^{n} f(x_k)\frac{b-a}{n} = \sum_{k=1}^{n} \left(\frac{a(b-a)}{n} + \frac{(b-a)^2}{n^2}k\right)$$
$$= a(b-a) + \frac{(b-a)^2(n+1)}{2n}$$

よって
$$\int_a^b x\,dx = \lim_{n\to\infty}\left(a(b-a) + \frac{(b-a)^2(n+1)}{2n}\right) = \frac{b^2-a^2}{2}$$
を得る。

練習 3.4

(1) $3x+4 = t$ とおくと, $x = \dfrac{t-4}{3}$

$dx = \dfrac{dx}{dt}dt = \dfrac{1}{3}dt$ より

$$\int (3x+4)^5 dx = \int t^5 \frac{1}{3}dt = \frac{1}{3}\frac{t^6}{6} + C = \frac{(3x+4)^6}{18} + C$$

(2) $2x - 3 = t$ とおくと

$x = \dfrac{t+3}{2}$

$dx = \dfrac{dx}{dt}dt = \dfrac{1}{2}dt$ より

$$\int \sin(2x-3)dx = \int \sin t \frac{1}{2}dt = -\frac{1}{2}\cos t + C = -\frac{1}{2}\cos(2x-3) + C$$

練習 3.5

(3) $x = at$ とおくと

$dx = \dfrac{dx}{dt}dt = a\,dt$

よって
$$\int \frac{dx}{x^2+a^2} = \int \frac{a\,dt}{a^2(t^2+1)} = \frac{1}{a}\tan^{-1}t + C = \frac{1}{a}\tan^{-1}\frac{x}{a} + C$$

(5) (3) と同様の置き換えで
$$\int \frac{dx}{\sqrt{a^2-x^2}} = \int \frac{a\,dt}{\sqrt{a^2(1-t^2)}} = \sin^{-1}t + C = \sin^{-1}\frac{x}{a} + C$$

練習 3.6

(1) $x = \left(\dfrac{x^2}{2}\right)'$ より

$$\int x \log x \, dx = \dfrac{x^2}{2} \log x - \int \dfrac{x^2}{2} (\log x)' dx$$
$$= \dfrac{x^2}{2} \log x - \int \dfrac{x}{2} dx$$
$$= \dfrac{x^2}{4}(2\log x - 1) + C$$

(2) $\sin x = (-\cos x)'$ より

$$\int x \sin x \, dx = -x\cos x + \int (x)' \cos x \, dx = -x\cos x + \sin x + C$$

練習 3.7

(7) $1 = (x)'$ として

$$I = \int \sqrt{a^2 - x^2} \, dx = x\sqrt{a^2 - x^2} - \int x(\sqrt{a^2 - x^2})' dx$$
$$= x\sqrt{a^2 - x^2} - \int x \dfrac{-2x}{2\sqrt{a^2 - x^2}} dx$$
$$= x\sqrt{a^2 - x^2} + \int \dfrac{a^2 - (a^2 - x^2)}{\sqrt{a^2 - x^2}} dx$$
$$= x\sqrt{a^2 - x^2} + \int \dfrac{a^2}{\sqrt{a^2 - x^2}} dx - I$$

よって

$$2I = x\sqrt{a^2 - x^2} + \int \dfrac{a^2}{\sqrt{a^2 - x^2}} dx$$

より

$$I = \dfrac{1}{2}\left(x\sqrt{a^2 - x^2} + a^2 \sin^{-1} \dfrac{x}{a}\right) + C$$

ここで，表 3.1 (5) を用いた．

(8) (7) と同様にして

$$I = \int \sqrt{x^2 + b} \, dx = x\sqrt{x^2 + b} - \int x(\sqrt{x^2 + b})' dx$$
$$= x\sqrt{x^2 + b} - \int x \dfrac{2x}{2\sqrt{x^2 + b}} dx$$

$$= x\sqrt{x^2+b} + \int \frac{b-(x^2+b)}{\sqrt{x^2+b}}dx$$

$$= x\sqrt{x^2+b} + \int \frac{b}{\sqrt{x^2+b}}dx - I$$

よって

$$I = \frac{1}{2}(x\sqrt{x^2+b} + b\log|x+\sqrt{x^2+b}|) + C$$

ここで, 表 3.1 (6) を用いた。

(13) $1 = (x)'$ として

$$\int \sin^{-1} x\,dx = x\sin^{-1} x - \int x(\sin^{-1} x)'dx = x\sin^{-1} x - \int \frac{x}{\sqrt{1-x^2}}dx$$

$1-x^2 = t$ とおくと, $\dfrac{dt}{dx} = -2x$ より, $x\,dx = -\dfrac{dt}{2}$ となる。よって

$$(\text{与式}) = x\sin^{-1} x - \int \frac{-\frac{dt}{2}}{\sqrt{t}} = x\sin^{-1} x + \sqrt{t} + C = x\sin^{-1} x + \sqrt{1-x^2} + C$$

(14) (13) と同様にして

$$\int (x)' \tan^{-1} x\,dx = x\tan^{-1} x - \int x(\tan^{-1} x)'dx$$

$$= x\tan^{-1} x - \int \frac{x}{1+x^2}dx$$

$1+x^2 = t$ とおくと, $\dfrac{dt}{dx} = 2x$ より, $x\,dx = \dfrac{dt}{2}$ となる。よって

$$(\text{与式}) = x\tan^{-1} x - \int \frac{\frac{dt}{2}}{t} = x\tan^{-1} x - \frac{1}{2}\log|t| + C$$

$$= x\tan^{-1} x - \frac{1}{2}\log(1+x^2) + C$$

ここで $1+x^2 > 0$ より, 絶対値は外れることに注意せよ。

練習 3.8

(1) $t = \cos x$ とおくと, $\dfrac{dt}{dx} = -\sin x$ より, $\sin x\,dx = -dt$ となる。よって

$$\int \tan x\,dx = \int \frac{\sin x}{\cos x}dx = \int \frac{-dt}{t} = -\log|t| + C = -\log|\cos x| + C$$

(2) $t = \tan x$ とおくと, $x = \tan^{-1} t$ となる。$dx = \dfrac{dx}{dt}dt = \dfrac{dt}{1+t^2}$ より

$$\int \tan x\,dx = \int t\frac{dt}{1+t^2} = \frac{1}{2}\log(1+t^2) + C = \frac{1}{2}\log(1+\tan^2 x) + C$$

ここで，練習 3.7(14) と同じ変換を用いた。なお，$1 + \tan^2 x = \dfrac{1}{\cos^2 x}$ を用いることにより，(1) と (2) の結果は一致する。

(3) $t = \tan\dfrac{x}{2}$ とおくと，$\tan x = \dfrac{2t}{1-t^2}$，$dx = \dfrac{2dt}{1+t^2}$ より

$$\int \tan x\,dx = \int \frac{2t}{1-t^2}\frac{2dt}{1+t^2} = \int \frac{4t}{(1-t)(1+t)(1+t^2)}dt$$

ここで

$$\frac{4t}{(1-t)(1+t)(1+t^2)} = \frac{a}{1-t} + \frac{b}{1+t} + \frac{ct+d}{1+t^2}$$

とおくと，$a = 1$, $b = -1$, $c = 2$, $d = 0$ となる（各自係数比較等で必ず確かめよ）。よって

$$\int \frac{4t}{(1-t)(1+t)(1+t^2)}dt = \int\left(\frac{1}{1-t} - \frac{1}{1+t} + \frac{2t}{1+t^2}\right)dt$$
$$= -\log|1-t| - \log|1+t| + \log(1+t^2) + C$$
$$= -\log|\cos x| + C$$

となって，(1), (2) と結果は一致する。最後の等号では，命題 3.10 の証明中の，$\cos x$ の表式を用いた。

練習 3.9 $a^2 - x^2 = (x+a)(a-x)$ より，$t = \sqrt{\dfrac{a-x}{x+a}}$ とおくと

$$x = \frac{a(1-t^2)}{1+t^2} = -a + \frac{2a}{1+t^2}$$

さらに

$$\sqrt{(a-x)(a+x)} = t(a+x) = \frac{2at}{1+t^2}$$

$$dx = \left(-a + \frac{2a}{1+t^2}\right)'dt = -\frac{4at}{(1+t^2)^2}dt$$

よって

$$\int \frac{dx}{\sqrt{a^2-x^2}} = \int \frac{-\frac{4at}{(1+t^2)^2}dt}{\frac{2at}{1+t^2}} = -\int \frac{2dt}{1+t^2}$$
$$= -2\tan^{-1} t + C = -2\tan^{-1}\sqrt{\frac{a-x}{x+a}} + C \qquad (\text{解 3.1})$$

である.

一方，表 3.4(5) により

$$\int \frac{dx}{\sqrt{a^2 - x^2}} = \sin^{-1}\frac{x}{a} + C' \tag{解 3.2}$$

である．式 (解 3.1) と式 (解 3.2) はともに $\dfrac{1}{\sqrt{1-x^2}}$ の原始関数であるから，その差は定数である．実際，$x=0$ での値を比べると，$C - C' = \dfrac{\pi}{2}$ であることがわかる．

【4 章】

練習 4.1 $F(x) = f(x+\pi) - f(x)$ とおく．周期が 2π であるとは，任意の実数 x に対して $f(x+2\pi) = f(x)$ が成り立つことであるから

$$F(x+\pi) = f(x+2\pi) - f(x+\pi) = f(x) - f(x+\pi) = -F(x)$$

である．もし $F(0) = 0$ なら，$c = 0$ で $f(c+\pi) = f(c)$ をみたしている．$F(0) \neq 0$ のとき，$F(0) > 0$ なら $F(\pi) = -F(0) < 0$, $F(0) < 0$ なら $F(\pi) > 0$ であり，いずれにせよ $F(0)F(\pi) < 0$ である．$F(x)$ は連続関数であるから，中間値の定理により $F(c) = 0$ をみたす $c \in (0, \pi)$ が存在する．よって，$f(c+\pi) = f(c)$ をみたす実数が存在する．

練習 4.2 $f'(x) = \dfrac{1}{x}$ より

$$\frac{f(e) - f(1)}{e - 1} = \frac{\log e - \log 1}{e - 1} = f'(c) = \frac{1}{c}$$

を解いて，$c = e - 1$ を得る（確かに $1 < c < e$ をみたしている）．

練習 4.3

(1) 与式は $\dfrac{0}{0}$ の不定形である．

$$\lim_{x \to 0} \frac{(x - \sin x)'}{(\tan x - x)'} = \lim_{x \to 0} \frac{1 - \cos x}{\left(\dfrac{1}{\cos^2 x}\right) - 1}$$

$$= \lim_{x \to 0} \frac{\cos^2 x (1 - \cos x)}{1 - \cos^2 x}$$

$$= \lim_{x \to 0} \frac{\cos^2 x}{1 + \cos x} = \frac{1}{2}$$

より，ロピタルの定理を用いて

$$\lim_{x\to 0}\frac{x-\sin x}{\tan x - x} = \frac{1}{2}$$

が示された。

(2) 与式は $\frac{\infty}{\infty}$ の不定形である。一般に題意の極限が 0 であることを帰納法により示す。$n=1$ のとき

$$\lim_{x\to+\infty}\frac{(x)'}{(e^x)'} = \lim_{x\to+\infty}\frac{1}{e^x} = 0$$

より，ロピタルの定理を用いて

$$\lim_{x\to+\infty}\frac{x}{e^x} = 0$$

が成り立つ。$n-1$ のときの極限が 0 であると仮定して

$$\lim_{x\to+\infty}\frac{(x^n)'}{(e^x)'} = \lim_{x\to+\infty}\frac{nx^{n-1}}{e^x} = 0$$

より，ロピタルの定理を用いて

$$\lim_{x\to+\infty}\frac{x^n}{e^x} = 0 \tag{解 4.1}$$

が成り立つ。よって任意の n に対して (解 4.1) が成り立つ。

練習 4.4

(1) $\log(1+x)$ のテイラー展開 (4.14) で x を $-x$ に置き換えると

$$\log(1-x) = -\sum_{n=1}^{\infty}\frac{1}{n}x^n \quad (-1 \leq x < 1)$$

よって

$$\log\frac{1+x}{1-x} = \log(1+x) - \log(1-x) = \sum_{n=0}^{\infty}\frac{2}{2n+1}x^{2n+1} \quad (|x|<1)$$

を得る。

(2) $\frac{1+x}{1-x} = 2$ を解いて $x = \frac{1}{3}$ となることに注意して

$$\log 2 = 2\left(\frac{1}{3} + \frac{1}{3}\left(\frac{1}{3}\right)^3 + \frac{1}{5}\left(\frac{1}{3}\right)^5 + \cdots\right)$$

である。ここで第 2 項までの和は $\frac{56}{81} = 0.6913\cdots$ となる。第 3 項以降は

$$2\left(\frac{1}{5}\left(\frac{1}{3}\right)^5 + \frac{1}{7}\left(\frac{1}{3}\right)^7 + \cdots\right) < \frac{2}{5}\left(\left(\frac{1}{3}\right)^5 + \left(\frac{1}{3}\right)^7 + \cdots\right)$$
$$= \frac{2}{5}\frac{1}{3^5}\frac{1}{1-\frac{1}{9}} = \frac{1}{540} < 0.002$$

より，$0.691 < \log 2 < 0.694$ であることがわかる．よって，小数第3位を四捨五入すると，0.69 となる．

練習 4.5

(1) 式 (4.13) で $a = -\frac{1}{2}$ を代入し，さらに x を $-x$ に置き換えると

$$\frac{1}{\sqrt{1-x}} = \sum_{n=0}^{\infty} \frac{\left(-\frac{1}{2}\right)\left(-\frac{3}{2}\right)\cdots\left(-\frac{2n-1}{2}\right)}{n(n-1)\cdots 1}(-x)^n$$
$$= \sum_{n=0}^{\infty} \frac{1 \cdot 3 \cdots (2n-1)}{2n \cdot 2(n-1) \cdots 2} x^n$$
$$= \sum_{n=0}^{\infty} \frac{(2n-1)!!}{(2n)!!} x^n$$

を得る．

(2) (1) で $x = t^2$ を代入すると，$|x| < 1$ のとき

$$\frac{1}{\sqrt{1-t^2}} = \sum_{k=0}^{n-1} \frac{(2k-1)!!}{(2k)!!} t^{2k} + r_n(t) \qquad \text{(解 4.2)}$$

となり，$\frac{(2k-1)!!}{(2k)!!} < 1$ より

$$|r_n(t)| < t^{2n} + t^{2n+2} + t^{2n+4} + \cdots = \frac{t^{2n}}{1-t^2}$$

式 (解 4.2) を $[0, x]$ で積分すると

$$\sin^{-1} x = \sum_{k=0}^{n-1} \frac{(2k-1)!!}{(2k)!!} \frac{x^{2k+1}}{2k+1} + R_n(x)$$

であり，$0 \leqq |x| < 1$ のとき

$$|R_n(x)| \leqq \left|\int_0^x \frac{t^{2n}}{1-t^2} dt\right| \leqq \left|\int_0^x \frac{t^{2n}}{1-x^2} dt\right| = \frac{|x|^{2n+1}}{(2n+1)(1-x^2)}$$
$$\to 0 \quad (n \to \infty)$$

より，式 (4.17) が成り立つ．

練習 4.6

(1) 被積分関数は $x=1$ で発散するから広義積分である。

$$\int_0^1 \frac{dx}{\sqrt{1-x^2}} = \lim_{b \to 1-0} \int_0^b \frac{dx}{\sqrt{1-x^2}}$$
$$= \lim_{b \to 1-0} [\sin^{-1} x]_0^b$$
$$= \lim_{b \to 1-0} (\sin^{-1} b - \sin^{-1} 0) = \frac{\pi}{2}$$

(2) 積分区間が無限大だから広義積分である。

$$\int_0^\infty e^{-x} dx = \lim_{b \to +\infty} [-e^{-x}]_0^b = \lim_{b \to +\infty} (-e^{-b} + 1) = 1$$

練習 4.7

(1) $x^4 + 1 = (x^2+1)^2 - 2x^2 = (x^2 + \sqrt{2}x + 1)(x^2 - \sqrt{2}x + 1)$ より

$$\frac{1}{x^4+1} = \frac{Ax+B}{x^2+\sqrt{2}x+1} + \frac{Cx+D}{x^2-\sqrt{2}x+1}$$

と部分分数展開できる。答えは $A = \dfrac{1}{2\sqrt{2}} = -C$, $B = D = \dfrac{1}{2}$（各自係数比較等で必ず確かめよ）より

$$\int \frac{dx}{1+x^4} = \frac{1}{2\sqrt{2}} \int \left(\frac{x+\sqrt{2}}{x^2+\sqrt{2}x+1} - \frac{x-\sqrt{2}}{x^2-\sqrt{2}x+1} \right) dx$$
$$= \frac{1}{2\sqrt{2}} \int \left(\frac{\left(x+\frac{1}{\sqrt{2}}\right)+\frac{1}{\sqrt{2}}}{\left(x+\frac{1}{\sqrt{2}}\right)^2+\frac{1}{2}} - \frac{\left(x-\frac{1}{\sqrt{2}}\right)-\frac{1}{\sqrt{2}}}{\left(x-\frac{1}{\sqrt{2}}\right)^2+\frac{1}{2}} \right) dx$$
$$= \frac{1}{4\sqrt{2}} \log \left| \frac{x^2+\sqrt{2}x+1}{x^2-\sqrt{2}x+1} \right|$$
$$\quad + \frac{\sqrt{2}}{4} \left(\tan^{-1} \sqrt{2}\left(x+\frac{1}{\sqrt{2}}\right) + \tan^{-1} \sqrt{2}\left(x-\frac{1}{\sqrt{2}}\right) \right) + C$$

よって

$$(与式) = \lim_{b \to +\infty} \left(\frac{1}{4\sqrt{2}} \log \frac{b^2+\sqrt{2}b+1}{b^2-\sqrt{2}b+1} \right.$$
$$\quad + \frac{1}{2\sqrt{2}} \left(\tan^{-1}(\sqrt{2}b+1) + \tan^{-1}(\sqrt{2}b-1) - \tan^{-1} 1 \right.$$
$$\quad \left. \left. \tan^{-1}(-1) \right) \right)$$
$$= \frac{\pi}{2\sqrt{2}}$$

(2) $e^x = t$ とおくと，$dt = \dfrac{dt}{dx}dx = e^x dx$ より，$dx = \dfrac{dt}{t}$ となる．積分範囲に注意して

$$\int_0^{+\infty} \frac{dx}{e^x + e^{-x}} = \int_1^{+\infty} \frac{\frac{dt}{t}}{t + \frac{1}{t}}$$
$$= \lim_{b \to +\infty} \int_1^b \frac{dt}{t^2 + 1}$$
$$= \lim_{b \to +\infty} [\tan^{-1} x]_1^b = \frac{\pi}{4}$$

練習 4.8

(1) 積分形である．両辺を積分して

$$y = \int e^{2x} dx = \frac{e^{2x}}{2} + C$$

(2) 変数分離形である．$\dfrac{y'}{y} = x^2$ の両辺を x で積分して

$\log |y| = \dfrac{x^3}{3} + C$

$K = \pm e^C$ とおいて

$y = K e^{\frac{x^3}{3}}$

練習 4.9

(1) $y' = y$ の解は $y = Ke^x$ となる．係数変化法より

$$y = e^x \left(\int e^{-x} x^2 dx + C \right)$$
$$= e^x \left(-e^{-x} x^2 + \int e^{-x} (x^2)' dx + C \right)$$
$$= -(x^2 + 2x + 2) + Ce^x$$

を得る．最後の行では，例題 4.11(1) の結果を用いた．

(2) (1) と同様にして，$y = e^x \left(\displaystyle\int e^{-x} \sin x dx + C \right)$ となる．ここで

$$I = \int e^{-x} \sin x dx = -e^{-x} \cos x + \int (e^{-x})' \cos x dx$$
$$= -e^{-x} \cos x - \int e^{-x} \cos x dx$$
$$= -e^{-x} \cos x - e^{-x} \sin x + \int (e^{-x})' \sin x dx$$
$$= -e^{-x}(\sin x + \cos x) - I$$

より
$$y = -\frac{1}{2}(\sin x + \cos x) + Ce^x$$
を得る。

(3) $y' = -y\sin x$ の解は, $y = e^{-\int \sin x dx} = Ke^{\cos x}$ となる。係数変化法により

$$\begin{aligned}y &= e^{\cos x}\left(\int e^{-\cos x}\sin x dx + C\right)\\ &= e^{\cos x}\left(e^{-\cos x} + C\right) = Ce^{\cos x} + 1\end{aligned}$$

ここで, $(e^{-\cos x})' = e^{-\cos x}\sin x$ を用いた。

【5章】

練習 5.1

(1) $f_x = \dfrac{2x}{2\sqrt{x^2+y^2}} = \dfrac{x}{\sqrt{x^2+y^2}}$, 同様に $f_y = \dfrac{y}{\sqrt{x^2+y^2}}$ である。

(2) $g_x = \dfrac{-\dfrac{y}{x^2}}{1+\dfrac{y^2}{x^2}} = -\dfrac{y}{x^2+y^2}$, 同様に $g_y = \dfrac{\dfrac{1}{x}}{1+\dfrac{y^2}{x^2}} = \dfrac{x}{x^2+y^2}$ である。

注意 (x,y) の極座標表示を (r,θ) とすると, $r = f(x,y)$, $\theta = g(x,y)$ である。よって, (1), (2) は

$$\frac{\partial r}{\partial x} = \frac{x}{r} = \cos\theta, \qquad \frac{\partial r}{\partial y} = \frac{y}{r} = \sin\theta$$
$$\frac{\partial \theta}{\partial x} = -\frac{y}{r^2} = -\frac{\sin\theta}{r}, \qquad \frac{\partial \theta}{\partial y} = \frac{x}{r^2} = \frac{\cos\theta}{r}$$

を意味する。

練習 5.2　定理 5.1(3) より

$$f_r = \frac{\partial f}{\partial x}\frac{\partial x}{\partial r} + \frac{\partial f}{\partial y}\frac{\partial y}{\partial r} = f_x\cos\theta + f_y\sin\theta$$
$$f_\theta = \frac{\partial f}{\partial x}\frac{\partial x}{\partial \theta} + \frac{\partial f}{\partial y}\frac{\partial y}{\partial \theta} = r(-f_x\sin\theta + f_y\cos\theta)$$

練習 5.3　$f(x,y) = \dfrac{x-y}{x+y} = 1 - \dfrac{2y}{x+y} = -1 + \dfrac{2x}{x+y}$ より

$$f_x = \frac{2y}{(x+y)^2}, \qquad f_y = -\frac{2x}{(x+y)^2}$$

もう1度偏微分して

$$f_{xx} = -\frac{4y}{(x+y)^3}, \quad f_{yy} = \frac{4x}{(x+y)^3}$$

$$f_{xy} = \frac{2(x+y)^2 - 2y \cdot 2(x+y)}{(x+y)^4} = \frac{2(x-y)}{(x+y)^3}$$

である。$(x,y) = (1,1)$ を代入して

$$\begin{aligned}f(x,y) &= \frac{1}{2}(x-1) - \frac{1}{2}(y-1) + \frac{1}{2}\left(-\frac{1}{2}(x-1)^2 + \frac{1}{2}(y-1)^2\right) + \cdots \\ &= \frac{1}{2}(x-1) - \frac{1}{2}(y-1) - \frac{1}{4}(x-1)^2 + \frac{1}{4}(y-1)^2 + \cdots\end{aligned}$$

を得る。

練習 5.4 まず停留点を求める。$f_x = 3x^2 - 3y = 0, f_y = 3y^2 - 3x = 0$ を解いて、$x = y^2 = (x^2)^2$ を得る。

$x(x^3 - 1) = 0$ より、$x = 0, 1$ である。$y = x^2$ より、$x = 0$ のとき $y = 0$ となり、$x = 1$ のとき $y = 1$ となる。よって、停留点は $(0,0), (1,1)$ である。

次に、$f_{xx} = 6x, f_{xy} = -3, f_{yy} = 6y$ より

$$H(x,y) = f_{xx} f_{yy} - f_{xy}^2 = 36xy - 9$$

$H(0,0) = -9 < 0$ より、原点 $(0,0)$ は $f(x,y)$ の鞍点、$H(1,1) = 27 > 0$, $f_{xx}(1,1) = 6 > 0$ より、点 $(1,1)$ は極小点であり、極小値は $f(1,1) = -1$ である。

練習 5.5 $f(x,y) = 2x^3 - 3x^2 - y^2$ とおくと、$f_x = 6x^2 - 6x, f_y = -2y$ となる。$f_x = f_y = 0$ とおくと、$x = 0, 1, y = 0$ を得る。$f(0,0) = 0, f(1,0) = -1 \neq 0$ より、曲線 C の停留点は原点のみである。

$f_{xx} = 12x - 6, f_{xy} = 0, f_{yy} = -2$ より、$H(x,y) = (12x-6)(-2) - 0^2 = -12(2x-1)$ となる。$H(0,0) > 0$ より、原点は孤立点である。実際、$0 \leq y^2 = 2x^3 - 3x^2 = x^2(2x-3)$ より、$x \neq 0$ なら $x \geq \frac{3}{2}$ となるからである。

$y = \pm x\sqrt{2x-3}$ より、$g(x) = x\sqrt{2x-3}$ とおくと

$$\begin{aligned}g'(x) &= \sqrt{2x-3} + x\frac{2}{2\sqrt{2x-3}} \\ &= \frac{(2x-3) + x}{\sqrt{2x-3}} \\ &= \frac{3(x-1)}{\sqrt{2x-3}}\end{aligned}$$

$x > \frac{3}{2}$ で $g(x) > 0$ より、単調増加である。

$$g''(x) = \frac{3}{\sqrt{2x-3}} - 3(x-1)\frac{1}{\sqrt{(2x-3)^3}}$$
$$= \frac{3(x-2)}{\sqrt{(2x-3)^3}}$$

より，$y = g(x)$ の変曲点は $x = 2$ となる．よって，曲線 C の概形は**解図 5.1** のとおりである．

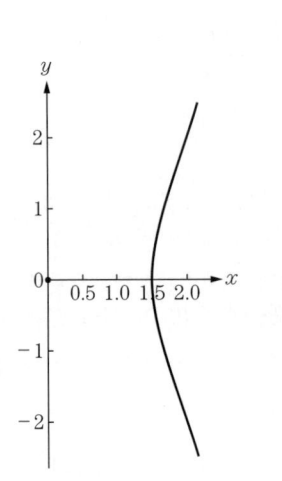

解図 5.1 曲線 $C : 2x^3 - 3x^2 - y^2 = 0$ の概形

解図 5.2 曲線 $g(x, y) = 0$ のグラフ

練習 5.6 $g(x, y) = x^3 + y^3 - 3xy$ とおくと，$g_x = 3x^2 - 3y$, $g_y = 3y^2 - 3x$ となる．$f_x = y$, $f_y = x$ より，極値は

$$g(x, y) = 0, \quad y = 3\lambda(x^2 - y), \quad x = 3\lambda(y^2 - x)$$

をみたす．$x = 0$ を仮定すると $\lambda = 0$ または $x = y^2$ となる．いずれにせよ，$y = 0$ が成り立つ．$y = 0$ を仮定しても $x = 0$ が成り立つ．すなわち，$xy = 0$ のとき，連立方程式の解は原点のみだが，原点の近傍では，第 1 象限では $xy > 0$，第 2, 4 象限では $xy < 0$ だから，原点は鞍点であり，極値ではない（**解図 5.2**）．$xy \neq 0$ のとき，$\lambda \neq 0$，よって

$$\frac{1}{3\lambda} = \frac{x^2 - y}{y} = \frac{y^2 - x}{x}$$

を解いて，$x = y$ を得る．これを $g(x, y) = 0$ に代入して，$2x^3 - 3x^2 = 0$ より，$x = y = \dfrac{3}{2}$ となる．この点で $f(x, y) = xy$ が極大値をとっているのは解図 5.2

のグラフより明らか。よって，極大値は $\dfrac{9}{4}\left(x=y=\dfrac{3}{2}\right)$，極小値は存在しない。

練習 5.7 $D=\{(x,y)|\,0\leqq y\leqq x\leqq \pi\}$ より，y を固定して x から先に積分すると

$$(与式)=\int_0^\pi dy\left(\int_y^\pi \dfrac{y\sin x}{x}dx\right)$$

x を固定して y から先に積分すると

$$(与式)=\int_0^\pi dx\left(\int_0^x \dfrac{y\sin x}{x}dy\right) \qquad (解\,5.1)$$

式 (解 5.1) は

$$\int_0^x \dfrac{y\sin x}{x}dy=\left[\dfrac{y^2\sin x}{2x}\right]_{y=0}^x=\dfrac{1}{2}x\sin x$$

より

$$\begin{aligned}(与式)&=\dfrac{1}{2}\int_0^\pi x\sin x\,dx\\ &=\dfrac{1}{2}\left[-x\cos x\right]_0^\pi+\dfrac{1}{2}\int_0^\pi (x)'\cos x\,dx\\ &=\dfrac{\pi}{2}+\dfrac{1}{2}\left[\sin x\right]_0^\pi=\dfrac{\pi}{2}\end{aligned}$$

を得る。

練習 5.8 y を固定して，先に x について積分する。

$$\int_0^{+\infty}\dfrac{dx}{x^2+y}=\lim_{b\to +\infty}\left[\dfrac{1}{\sqrt{y}}\tan^{-1}\dfrac{x}{\sqrt{y}}\right]_0^b=\dfrac{\pi}{2\sqrt{y}}$$

より

$$(与式)=\int_0^1 \dfrac{\pi}{2\sqrt{y}}dy=\lim_{\varepsilon\to +0}\left[\pi\sqrt{y}\right]_\varepsilon^1=\pi$$

を得る。

練習 5.9 $J(a,b)=\displaystyle\int_0^{\frac{\pi}{2}}\dfrac{dx}{a\cos^2 x+b\sin^2 x}$ とおく。$t=\tan x$ とおくと，$dt=\dfrac{dx}{\cos^2 x}$ となる。積分範囲が $[0,\infty)$ となることに注意して

$$J(a,b)=\int_0^\infty \dfrac{dt}{a+bt^2}=\lim_{A\to +\infty}\dfrac{1}{\sqrt{ab}}\left[\tan^{-1}\sqrt{\dfrac{b}{a}}t\right]_0^A=\dfrac{\pi}{2\sqrt{ab}}$$

を得る。
$$f(a,b,x) = \frac{1}{a\cos^2 x + b\sin^2 x}, \frac{\partial f}{\partial a}, \frac{\partial f}{\partial b} \text{ は, } a,b > 0, 0 \leqq x \leqq \frac{\pi}{2} \text{ で連続で}$$
ある。

よって
$$\frac{\partial J}{\partial a} = \int_0^{\frac{\pi}{2}} \frac{\partial f}{\partial a} dx = \int_0^{\frac{\pi}{2}} \frac{-\cos^2 x \, dx}{(a\cos^2 x + b\sin^2 x)^2}$$

$$\frac{\partial J}{\partial b} = \int_0^{\frac{\pi}{2}} \frac{\partial f}{\partial b} dx = \int_0^{\frac{\pi}{2}} \frac{-\sin^2 x \, dx}{(a\cos^2 x + b\sin^2 x)^2}$$

が成り立つ。

よって
$$\int_0^{\frac{\pi}{2}} \frac{dx}{(a\cos^2 x + b\sin^2 x)^2} = -\frac{\partial J}{\partial a} - \frac{\partial J}{\partial b}$$
$$= \frac{\pi}{4\sqrt{ab}} \left(\frac{1}{a} + \frac{1}{b} \right)$$

を得る。

練習 5.10　極座標に変換して

$$(与式) = \int_0^{2\pi} d\theta \left(\int_0^a \log(r^2) r \, dr \right)$$
$$= 4\pi \int_0^a r \log r \, dr$$
$$= 4\pi \lim_{\varepsilon \to +0} \left[\frac{r^2}{2} \log r - \frac{r^2}{4} \right]_\varepsilon^a$$
$$= \pi a^2 (2\log a - 1)$$

を得る。ここで, $\lim_{\varepsilon \to +0} \varepsilon^2 \log \varepsilon = 0$ を用いた（ロピタルの定理を用いて証明できる）。

章末問題解答

★ 1 章

【1】(1) $\log_2 16 + \log_2 \dfrac{1}{\sqrt{2}} - \log_2 4 = \log_2 2^4 - \log_2 2^{\frac{1}{2}} - \log_2 2^2 = 4 - \dfrac{1}{2} - 2 = \dfrac{3}{2}$

(2) 底の変換公式より

$$\log_2 6 - \log_4 18 = \dfrac{\log_2 6}{\log_2 2} - \dfrac{\log_2 18}{\log_2 4} = \dfrac{2\log_2 6 - \log_2 18}{2}$$

$$= \dfrac{\log_2 \frac{6^2}{18}}{2} = \dfrac{1}{2}$$

(3) 加法定理より

$$\sin\dfrac{\pi}{12} = \sin\left(\dfrac{\pi}{3} - \dfrac{\pi}{4}\right) = \sin\dfrac{\pi}{3}\cos\dfrac{\pi}{4} - \cos\dfrac{\pi}{3}\sin\dfrac{\pi}{4}$$

$$= \dfrac{\sqrt{3}}{2}\dfrac{1}{\sqrt{2}} - \dfrac{1}{2}\dfrac{1}{\sqrt{2}} = \dfrac{\sqrt{3}-1}{2\sqrt{2}} = \dfrac{\sqrt{6}-\sqrt{2}}{4}$$

(4) $\theta = \dfrac{\pi}{5}$ とおくと, $\cos\dfrac{2\pi}{5} = -\cos\dfrac{3\pi}{5}$ より, $\cos 2\theta + \cos 3\theta = 0$ が得られる。

$$\cos 2\theta = 2\cos^2\theta - 1$$
$$\cos 3\theta = \cos 2\theta \cos\theta - \sin 2\theta \sin\theta$$
$$= (2\cos^2\theta - 1)\cos\theta - 2\sin\theta\cos\theta\sin\theta$$
$$= 2\cos^3\theta - \cos\theta - 2(1-\cos^2\theta)\cos\theta$$
$$= 4\cos^3\theta - 3\cos\theta$$

を代入すると, $t = \cos\theta$ として

$$(2t^2 - 1) + (4t^3 - 3t) = 0$$

因数分解して, $(t+1)(4t^2 - 2t - 1) = 0$, $t > 0$ より

$$t = \cos\dfrac{\pi}{5} = \dfrac{1+\sqrt{5}}{4}$$

別解 △ABC を頂角 $\theta = 36° = \dfrac{\pi}{5}$ の二等辺三角形とする。BC = 1, AB = AC = x とおくと, 余弦定理より

$$\cos\theta = \frac{x^2+x^2-1}{2x^2}$$

∠ABC の二等分線と AC の交点を D とすると，△ABC ∼ △BCD（∼ は英語圏で使用される相似の記号）となる。AD = BD = 1, DC = $x-1$ より，$x:1 = 1:(x-1)$，すなわち，$x(x-1) = 1$ となる。$x > 0$ より，$x = \dfrac{1+\sqrt{5}}{2}$ となり，$x^2 = x+1$ を $\cos\theta$ の式に代入して

$$\cos\theta = \frac{2(x+1)-1}{2(x+1)} = \frac{2x+1}{2x+2} = \frac{2+\sqrt{5}}{3+\sqrt{5}} = \frac{1+\sqrt{5}}{4}$$

(5) $\sin^{-1}\left(-\dfrac{1}{2}\right) = x$ とおくと，$\sin x = -\dfrac{1}{2}\ \left(-\dfrac{\pi}{2} \leqq x \leqq \dfrac{\pi}{2}\right)$ より，$x = -\dfrac{\pi}{6}$ となる。

(6) $\cos^{-1} 0 = x$ とおくと，$\cos x = 0\ (0 \leqq x \leqq \pi)$ より，$x = \dfrac{\pi}{2}$ となる。

【2】(1) $\log_2 x + \log_2(x-2) = \log_2 x(x-2) = \log_2 8$ より，$x(x-2) = 8$ となる。整理して，$x^2 - 2x - 8 = 0$, $x = 4, -2$ となる。真数条件より $x > 2$ なので，$x = 4$ が得られる。

(2) $\log_2 x = t$ とおくと，題意は，$t^2 + 2t = 3$ となる。これを解いて，$t = 1, -3$ を得る。よって，$x = 2^1, 2^{-3}$, すなわち，$x = 2, \dfrac{1}{8}$ となる。

(3) 倍角公式より，$\sin x = 2\sin x\cos x$ となる。$\sin x(2\cos x - 1) = 0$ より，$\sin x = 0$ または $\cos x = \dfrac{1}{2}$ となる。よって，$x = 0, \dfrac{\pi}{3}, \pi, \dfrac{5\pi}{3}, 2\pi$ となる。

(4) 三角関数の合成より

$$\sin x - \cos x = \sqrt{2}\left(\sin x \frac{1}{\sqrt{2}} - \cos x \frac{1}{\sqrt{2}}\right)$$
$$= \sqrt{2}\left(\sin x \cos\frac{\pi}{4} - \cos x \sin\frac{\pi}{4}\right)$$
$$= \sqrt{2}\sin\left(x - \frac{\pi}{4}\right) = \frac{1}{\sqrt{2}}$$

よって

$$\sin\left(x - \frac{\pi}{4}\right) = \frac{1}{2}$$

$-\dfrac{\pi}{4} \leqq x - \dfrac{\pi}{4} \leqq \dfrac{7\pi}{4}$ より，$x - \dfrac{\pi}{4} = \dfrac{\pi}{6}, \dfrac{5\pi}{6}$ となる。よって

$$x = \frac{5\pi}{12}, \frac{13\pi}{12}$$

【3】(1) $\sin^{-1} x = \alpha \left(-\dfrac{\pi}{2} \leq \alpha \leq \dfrac{\pi}{2}\right)$ とおくと，$\sin \alpha = x$ である。ここで，$\sin \alpha = \cos\left(\dfrac{\pi}{2} - \alpha\right)$ であるが，$\beta = \dfrac{\pi}{2} - \alpha$ とおくと $0 \leq \beta \leq \pi$ となる。よって $\cos \beta = x$ より $\beta = \cos^{-1} x$ である。よって $\sin^{-1} x + \cos^{-1} x = \alpha + \beta = \dfrac{\pi}{2}$ を得る。

(2) まず，$\alpha = \tan^{-1} \dfrac{1}{2}, \beta = \tan^{-1} \dfrac{1}{3}$ とおくと，$0 < \beta < \alpha < \dfrac{\pi}{4}$ より

$$0 < \alpha + \beta < \dfrac{\pi}{2} \tag{解 1.7}$$

加法定理により

$$\tan(\alpha + \beta) = \dfrac{\tan \alpha + \tan \beta}{1 - \tan \alpha \tan \beta} = \dfrac{\dfrac{1}{2} + \dfrac{1}{3}}{1 - \dfrac{1}{2}\dfrac{1}{3}} = 1 \tag{解 1.8}$$

式 (解 1.7)，式 (解 1.8) を合せて

$$\tan^{-1} \dfrac{1}{2} + \tan^{-1} \dfrac{1}{3} = \alpha + \beta = \dfrac{\pi}{4}$$

を得る。

【4】(1) 底 $10 > 1$ より，$\log_{10} x$ は増加関数であることに注意する。$2^3 = 8 < 10$ より，$3\log_{10} 2 < 1, \log_{10} 2 < \dfrac{1}{3}$ となる。また，$2^{10} = 1024 > 10^3$ より，$10\log_{10} 2 > 3, \dfrac{3}{10} < \log_{10} 2$ を得る。

(2) $\log_{10} 2$ が有理数と仮定して矛盾を導く。$0 < \log_{10} 2 = \dfrac{p}{q} < 1$ (p, q はたがいに素な正の整数で，$p < q$) とおくと，$2 = 10^{\frac{p}{q}}$ となる。両辺を q 乗して，$2^q = 10^p = (2 \cdot 5)^p = 2^p \cdot 5^p, 2^{q-p} = 5^p$ を得る。$q - p$ が正の整数なので，左辺 2^{q-p} は偶数である。一方，p が正の整数なので，右辺 5^p は奇数である。これは偶数と奇数が等しいことを意味し，矛盾である。よって $\log_{10} 2$ は無理数である。

★2章

【1】(1) $\dfrac{x^2 - 4x + 3}{x^2 - 5x + 6} = \dfrac{(x-1)(x-3)}{(x-2)(x-3)} = \dfrac{x-1}{x-2}$ より

$$(与式) = \lim_{x \to 3} \dfrac{x-1}{x-2} = \dfrac{3-1}{3-2} = 2$$

(2) $t = 2x$ とおくと, $x \to 0 \Leftrightarrow t \to 0$ である。よって
$$(\text{与式}) = \lim_{x \to 0} 2\frac{e^{2x} - 1}{2x} = \lim_{t \to 0} 2\frac{e^t - 1}{t} = 2$$

(3) $x \neq 0$ に対し, $0 \leq \left|\sin\frac{1}{x}\right| \leq 1$ が成り立つ。よって
$$0 \leq \left|x \sin\frac{1}{x}\right| \leq |x| \to 0 \ (x \to 0)$$ となるから, はさみうちの原理より
$$\lim_{x \to 0} x \sin\frac{1}{x} = 0$$

【2】(1) $((4x + 5)^6)' = 4 \cdot 6(4x + 5)^5 = 24(4x + 5)^5$

(2) $(\sin(x^2))' = (\cos(x^2)) \cdot (x^2)' = 2x \cos(x^2)$

(3) $(\tan^3 x)' = 3\tan^2 x (\tan x)' = \frac{3\tan^2 x}{\cos^2 x} = \frac{3\sin^2 x}{\cos^4 x}$

(4) $(e^x \cos x)' = (e^x)' \cos x + e^x (\cos x)' = e^x (\cos x - \sin x)$

(5) $(\log(x + \sqrt{x^2 + 1}))' = \frac{(x + \sqrt{x^2 + 1})'}{x + \sqrt{x^2 + 1}}$
$$= \frac{1 + \dfrac{2x}{2\sqrt{x^2 + 1}}}{x + \sqrt{x^2 + 1}}$$
$$= \frac{1}{\sqrt{x^2 + 1}}$$

(6) $(\sin(\log x))' = \cos(\log x) \cdot (\log x)' = \frac{\cos(\log x)}{x}$

(7) $(\log|\cos x|)' = \frac{(\cos x)'}{\cos x} = \frac{-\sin x}{\cos x} = -\tan x$

【3】(1) $f'(x) = 2x$ より, 点 $(x_n, f(x_n))$ における接線の方程式は
$$y = 2x_n(x - x_n) + x_n^2 - 2 = 2x_n x - x_n^2 - 2$$
である。この接線と x 軸の交点の x 座標は $y = 0$ を解いて
$$x = \frac{x_n^2 + 2}{2x_n} = \frac{1}{2}\left(x_n + \frac{2}{x_n}\right)$$
よって, 交点の x 座標は x_{n+1} である。

(2) まず, $x_n > \sqrt{2}$ を示す。$x_1 = 2 > \sqrt{2}$ は明らかである。$n \geq 1$ のとき $x_n > \sqrt{2}$ を仮定すると, 相加・相乗平均の関係より
$$x_{n+1} = \frac{x_n}{2} + \frac{1}{x_n} \geq 2\sqrt{\frac{x_n}{2} \cdot \frac{1}{x_n}} = \sqrt{2}$$

が成り立つ。等号が成立するには, $\frac{x_n}{2} = \frac{1}{x_n} > 0$, すなわち $x_n = \sqrt{2}$ であることが必要であるが, 仮定により $x_n \neq \sqrt{2}$ である。よって $x_{n+1} > \sqrt{2}$ が成り立つ。帰納法により, 任意の自然数 n に対し, $x_n > \sqrt{2}$ である。

次に漸化式と $x_n > \sqrt{2}$ より

$$x_{n+1} - x_n = \frac{1}{x_n} - \frac{x_n}{2} = \frac{2 - x_n^2}{2x_n} < 0$$

よって, $x_{n+1} < x_n$ である。

以上示したことにより, 数列 $\{x_n\}$ は下に有界な単調減少列であるから収束する。$\lim_{n\to\infty} x_n = \lim_{n\to\infty} x_{n+1} = \alpha (> 0)$ とおくと, 漸化式で $n \to \infty$ とすれば

$$\alpha = \frac{\alpha}{2} + \frac{1}{\alpha}$$

これを解いて, $\lim_{n\to\infty} x_n = \sqrt{2}$ を得る。

注意 この問題の数列 $\{x_n\}$ は $\sqrt{2}$ の近似値を求めるアルゴリズムを与えている。このアルゴリズムをニュートン法という。

【4】(1) 明らかに $a_1 < b_1$ である。$n \geq 1$ に対し, $a_n < b_n$ とすると

$$a_{n+1} - b_n = \frac{a_n - b_n}{2} < 0$$

より, $a_{n+1} < b_n$
よって

$$b_{n+1} = \sqrt{a_{n+1} b_n} > \sqrt{a_{n+1} a_{n+1}} = a_{n+1}$$

となる。よって, 帰納法より任意の自然数 n に対して, $a_n < b_n$ が成り立つ。

(2) (1) より

$$a_{n+1} - a_n = \frac{b_n - a_n}{2} > 0$$

よって $\{a_n\}$ は単調増加列である。また, $a_{n+1} < b_n$ より

$$b_{n+1} = \sqrt{a_{n+1} b_n} < \sqrt{b_n b_n} = b_n$$

よって, $\{b_n\}$ は単調減少列である。

(3) (1), (2) より

$$\cos\theta = a_1 < a_2 < \cdots < a_{n-1} < a_n < b_n < b_{n-1} < \cdots < b_2 < b_1 = 1$$

すなわち，$a_n < 1$, $b_n > \cos\theta$ が成り立つ．よって，$\{a_n\}$ は上に有界な単調増加列であるから収束する．また，$\{b_n\}$ は下に有界な単調減少列であるから収束する．そこで，$a_n \to \alpha$, $b_n \to \beta$ $(n \to \infty)$ とおく．漸化式で $n \to \infty$ の極限をとると

$$\alpha = \frac{\alpha + \beta}{2}, \quad \beta = \sqrt{\alpha\beta}$$

が成り立つ．よって，$\alpha = \beta$ である．

さて，この共通の極限を求めよう．

$$a_2 = \frac{\cos\theta + 1}{2} = \cos^2\frac{\theta}{2}$$

$$b_2 = \sqrt{\cos^2\frac{\theta}{2} \cdot 1} = \cos\frac{\theta}{2}$$

$$a_3 = \frac{\cos^2\frac{\theta}{2} + \cos\frac{\theta}{2}}{2} = \cos\frac{\theta}{2}\cos^2\frac{\theta}{4}$$

$$b_3 = \sqrt{\cos\frac{\theta}{2}\cos^2\frac{\theta}{4}\cos\frac{\theta}{2}} = \cos\frac{\theta}{2}\cos\frac{\theta}{4}$$

$$\vdots$$

一般に

$$a_n = \cos\frac{\theta}{2}\cos\frac{\theta}{4}\cdots\cos\frac{\theta}{2^{n-2}}\cos^2\frac{\theta}{2^{n-1}}$$

$$b_n = \cos\frac{\theta}{2}\cos\frac{\theta}{4}\cdots\cos\frac{\theta}{2^{n-2}}\cos\frac{\theta}{2^{n-1}}$$

となる（数学的帰納法により示せる．各自確かめよ）．

$$b_n \sin\frac{\theta}{2^{n-1}} = \cos\frac{\theta}{2}\cos\frac{\theta}{4}\cdots\cos\frac{\theta}{2^{n-2}}\cos\frac{\theta}{2^{n-1}}\sin\frac{\theta}{2^{n-1}}$$

$$= \frac{1}{2}\cos\frac{\theta}{2}\cos\frac{\theta}{4}\cdots\cos\frac{\theta}{2^{n-2}}\sin\frac{\theta}{2^{n-2}}$$

$$\vdots$$

$$= \frac{1}{2^{n-1}}\sin\theta$$

より

$$\lim_{n\to\infty} b_n = \lim_{n\to\infty} \frac{\frac{\theta}{2^{n-1}}}{\sin\frac{\theta}{2^{n-1}}} \frac{\sin\theta}{\theta} = \frac{\sin\theta}{\theta}$$

を得る。

★ 3章

【1】 (1) $f(x) = \dfrac{1}{1+x}$ とすると

$$S_n = \frac{1}{n}\left(\frac{1}{1+\dfrac{1}{n}} + \frac{1}{1+\dfrac{2}{n}} + \cdots + \frac{1}{1+\dfrac{n}{n}}\right)$$

$$= \frac{1}{n}\sum_{k=1}^{n} f\left(\frac{k}{n}\right)$$

$f(x)$ は区間 $[0,1]$ で単調減少関数なので，S_n は $f(x)$ の区間 $[0,1]$ を n 等分したときの不足和とみなすことができる。

(2) (1) より

$$\lim_{n\to\infty} S_n = \int_0^1 \frac{dx}{1+x} = [\log(1+x)]_0^1 = \log 2$$

を得る。

【2】 (1) $\displaystyle\int_0^1 e^{3x}dx = \left[\frac{e^{3x}}{3}\right]_0^1 = \frac{e^3-1}{3}$

(2) $\displaystyle\int_0^{\frac{\pi}{2}} x\sin x\,dx = \left[-x\cos x\right]_0^{\frac{\pi}{2}} + \int_0^{\frac{\pi}{2}} (x)'\cos x\,dx$

$$= [\sin x]_0^{\frac{\pi}{2}} = 1$$

(3) 練習 3.7(13) も参照のこと。

$$\int_0^1 \sin^{-1} x\,dx = [x\sin^{-1} x]_0^1 - \int_0^1 x(\sin^{-1}x)'dx = \frac{\pi}{2} - \int_0^1 \frac{x}{\sqrt{1-x^2}}dx$$

$1-x^2 = t$ とおくと，x の積分範囲 $[0,1]$ は t の積分範囲 $[1,0]$ に変換される。$xdx = -\dfrac{dt}{2}$ より

$$(\text{与式}) = \frac{\pi}{2} - \int_1^0 \frac{-\frac{dt}{2}}{\sqrt{t}} = \frac{\pi}{2} + \left[\sqrt{t}\right]_1^0 = \frac{\pi}{2} - 1$$

(4) $x + \sqrt{x^2+16} = t$ とおくと，$x^2 + 16 = (t-x)^2 = t^2 - 2tx + x^2$ より

$$x = \frac{1}{2}\left(t - \frac{16}{t}\right)$$

である。よって

$$dx = \frac{1}{2}\left(1 + \frac{16}{t^2}\right)dt, \qquad \sqrt{x^2+16} = t - x = \frac{1}{2}\left(t + \frac{16}{t}\right)$$

となる。積分範囲に注意して

$$\int_0^3 \frac{dx}{\sqrt{x^2+16}} = \int_4^8 \frac{\frac{1}{2}\left(1+\frac{16}{t^2}\right)}{\frac{1}{2}\left(t+\frac{16}{t}\right)}dt = [\log t]_4^8 = \log 2$$

(5) $t = \tan\dfrac{x}{2}$ とおくと

$$\cos x = \frac{1-t^2}{1+t^2}, \qquad dx = \frac{2dt}{1+t^2}$$

となる。積分範囲に注意して

$$\int_0^{\frac{\pi}{2}} \frac{dx}{2+\cos x} = \int_0^1 \frac{\frac{2dt}{1+t^2}}{2+\frac{1-t^2}{1+t^2}} = \int_0^1 \frac{2dt}{3+t^2}$$
$$= \left[\frac{2}{\sqrt{3}}\tan^{-1}\frac{t}{\sqrt{3}}\right]_0^1 = \frac{\pi}{3\sqrt{3}}$$

(6) $\displaystyle\int_0^{\frac{\pi}{4}} \log(1+\tan x)dx = \int_0^{\frac{\pi}{4}}(\log(\cos x + \sin x) - \log(\cos x))dx$
$$= \int_0^{\frac{\pi}{4}}\left(\log\left(\sqrt{2}\cos\left(\frac{\pi}{4}-x\right)\right) - \log(\cos x)\right)dx$$
$$= \int_0^{\frac{\pi}{4}}\left(\log\sqrt{2} + \log\left(\cos\left(\frac{\pi}{4}-x\right)\right)\right.$$
$$\left. - \log(\cos x)\right)dx$$

第 2 項について, $t = \dfrac{\pi}{4} - x$ とすると, $dx = -dt$, 積分範囲が $\left[0, \dfrac{\pi}{4}\right] \to \left[\dfrac{\pi}{4}, 0\right]$ となるので

$$与式 = \int_0^{\frac{\pi}{4}} \frac{1}{2}\log 2\, dx + \int_{\frac{\pi}{4}}^0 \log\cos t(-dt) - \int_0^{\frac{\pi}{4}}\log\cos x\, dx$$
$$= \frac{\pi}{8}\log 2$$

【3】(1) $I_n = \displaystyle\int \tan^n x\, dx$ とおくと, $\tan^2 x = \dfrac{1}{\cos^2 x} - 1 = (\tan x)' - 1$ より

$$I_n = \int \tan^{n-2}x((\tan x)' - 1)dx = \frac{\tan^{n-1}x}{n-1} - I_{n-2}$$

(2) $I_n = \int (\log x)^n dx$ とおくと

$$I_n = \int (x)'(\log x)^n dx = x(\log x)^n - \int x \cdot n(\log x)^{n-1} \frac{1}{x} dx$$
$$= x(\log x)^n - nI_{n-1}$$

を得る。

(3) $I_n = \int (\sin^{-1} x)^n dx$ とおくと

$$I_n = \int (x)'(\sin^{-1} x)^n dx$$
$$= x(\sin^{-1} x)^n - \int x \cdot n(\sin^{-1} x)^{n-1} \frac{1}{\sqrt{1-x^2}} dx$$
$$= x(\sin^{-1} x)^n + n \int (\sqrt{1-x^2})'(\sin^{-1} x)^{n-1} dx$$
$$= x(\sin^{-1} x)^n + n\sqrt{1-x^2}(\sin^{-1} x)^{n-1}$$
$$\quad - n \int \sqrt{1-x^2} \cdot (n-1)(\sin^{-1} x)^{n-2} \frac{1}{\sqrt{1-x^2}} dx$$
$$= x(\sin^{-1} x)^n + n\sqrt{1-x^2}(\sin^{-1} x)^{n-1} - n(n-1)I_{n-2}$$

を得る。

【4】(1) $\cos^{-1}\left(\frac{1}{2}\right) = \frac{\pi}{3}$ である。$(\cos^{-1} x)' = -\frac{1}{\sqrt{1-x^2}}$ に $x = \frac{1}{2}$ を代入して，接線の傾きは $-\dfrac{1}{\sqrt{1-\left(\frac{1}{2}\right)^2}} = -\dfrac{2}{\sqrt{3}}$

よって，接線 l は，点 $\left(\frac{1}{2}, \frac{\pi}{3}\right)$ を通り，傾き $-\dfrac{2}{\sqrt{3}}$ の直線であるから

$$y = -\frac{2}{\sqrt{3}}\left(x - \frac{1}{2}\right) + \frac{\pi}{3} = -\frac{2}{\sqrt{3}}x + \frac{1}{\sqrt{3}} + \frac{\pi}{3}$$

(2) 題意の面積は次の積分で求められる。

$$S = \int_0^{\frac{1}{2}} \left(-\frac{2}{\sqrt{3}}x + \frac{1}{\sqrt{3}} + \frac{\pi}{3} - \cos^{-1} x\right) dx$$

ここで部分積分の結果

$$\int \cos^{-1} x \, dx = x\cos^{-1} x + \int \frac{x}{\sqrt{1-x^2}} dx = x\cos^{-1} x - \sqrt{1-x^2}$$

を用いて

$$S = \left[-\frac{x^2}{\sqrt{3}} + \left(\frac{1}{\sqrt{3}} + \frac{\pi}{3}\right)x - x\cos^{-1}x + \sqrt{1-x^2}\right]_0^{\frac{1}{2}}$$
$$= -\frac{1}{4\sqrt{3}} + \frac{1}{2\sqrt{3}} + \frac{\pi}{6} - \frac{\pi}{6} + \frac{\sqrt{3}}{2} - 1 = \frac{7\sqrt{3}}{12} - 1$$

★ 4 章

【1】(1) $f(x)$ は $x = 0$ で発散しており,広義積分である.区間 $[\varepsilon, 1]$ 上の積分

$$\int_\varepsilon^1 f(x)dx = \left[\frac{x^{a+1}}{a+1}\right]_\varepsilon^1 = \frac{1}{a+1} - \frac{\varepsilon^{a+1}}{a+1}$$

が $\varepsilon \to +0$ の極限で収束するためには,$a > -1$ が必要である.一方,$a < 0$ と合わせて $-1 < a < 0$ のとき

$$\int_0^1 f(x)dx = \lim_{\varepsilon \to +0}\int_\varepsilon^1 x^a = \lim_{\varepsilon \to +0}\left[\frac{x^{a+1}}{a+1}\right]_\varepsilon^1$$
$$= \lim_{\varepsilon \to +0}\left(\frac{1}{a+1} - \frac{\varepsilon^{a+1}}{a+1}\right) = \frac{1}{a+1}$$

となって収束する.よって,題意の a の範囲は $-1 < a < 0$ である.

(2) 積分区間が無限に長いので,広義積分である.区間 $[1, b]$ 上の積分

$$\int_1^b f(x)dx = \left[\frac{x^{a+1}}{a+1}\right]_1^b = \frac{b^{a+1}}{a+1} - \frac{1}{a+1}$$

が $b \to +\infty$ の極限で収束するためには,$a < -1$ が必要である.一方,$a < -1$ のとき

$$\int_1^{+\infty} f(x)dx = \lim_{b \to +\infty}\int_1^b x^a = \lim_{b \to +\infty}\left[\frac{x^{a+1}}{a+1}\right]_1^b$$
$$= \lim_{b \to +\infty}\left(\frac{b^{a+1}}{a+1} - \frac{1}{a+1}\right) = -\frac{1}{a+1}$$

となって収束する.よって,題意の a の範囲は $a < -1$ である.

【2】問題文中のヒントは,明るさの差が 1 等級では約 2.5 倍,5 等級ではちょうど 100 倍明るさが違うということで 2.5 が $\sqrt[5]{100}$ の近似値であるということを意味する.$2.5^5 = \dfrac{3125}{32} = 97.65625$ より

$$\sqrt[5]{100} = \sqrt[5]{\frac{3125}{32} + \frac{75}{32}} = \frac{5}{2}\sqrt[5]{1 + \frac{3}{125}}$$

である。式 (4.13) で $a = \dfrac{1}{5}$ を代入すると

$$(1+x)^{\frac{1}{5}} = 1 + \frac{x}{5} + R_2(x) \qquad \text{(解 4.3)}$$

ここで, $0 < x < 1$ のとき

$$|R_2(x)| = \left| \frac{\frac{1}{5}\frac{-4}{5}}{2}x^2 + \frac{\frac{1}{5}\frac{-4}{5}\frac{-9}{5}}{6}x^3 + \cdots \right|$$

$$< \frac{2}{25}(x^2 + x^3 + \cdots) = \frac{2x^2}{25(1-x)}$$

である。(解 4.3) で $x = \dfrac{3}{125}$ を代入すると

$$\frac{5}{2}R_2\left(\frac{3}{125}\right) < \frac{1}{5}\left(\frac{3}{125}\right)^2 < 0.0002$$

よって

$$\left| \sqrt[5]{100} - \frac{5}{2}\left(1 + \frac{1}{5}\frac{3}{125}\right) \right| < 0.0002$$

より, 小数第 4 位を四捨五入し, 小数第 3 位まで求めると, $\sqrt[5]{100} = \dfrac{5}{2} + \dfrac{3}{250} = 2.512$ である。

【3】(1) 関数 $f(x) = \dfrac{\log x}{x}$ の $x > 0$ での最大値を求めてみよう。

$$f'(x) = \frac{(\log x)'x - \log x(x)'}{x^2} = \frac{1 - \log x}{x^2}$$

であり, $\log x$ は $x > 0$ で増加関数だから, $0 < x < e$ で $f'(x) > 0$, $x > e$ で $f'(x) < 0$ である。よって, 定理 4.9 により, $0 < x < e$ で $f(x)$ は単調増加, $x > e$ で $f(x)$ は単調減少である。したがって, 関数 $f(x)$ は, $x = e$ で最大値 $\dfrac{1}{e}$ をとる。

$f(x) = 0$ を解いて, $y = f(x)$ と x 軸との交点は $(1, 0)$ であることがわかる。また, $f(x) \to -\infty \ (x \to +0)$, $f(x) \to 0 \ (x \to +\infty)$ である。後者の極限は $\dfrac{\infty}{\infty}$ の不定形で, ロピタルの定理 II (定理 4.12) を用いて

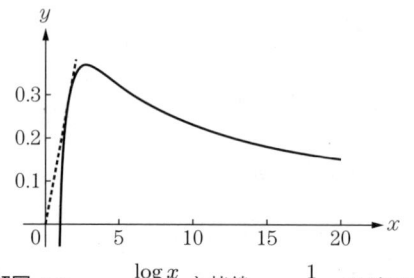

解図 4.1　$y = \dfrac{\log x}{x}$ と接線 $y = \dfrac{1}{2e}x$ のグラフ

求めることができる。

これらにより，$y = f(x)$ のグラフは**解図 4.1** のようになる。

(2) $2^4 = 4^2 = 16$ であるが，これ以外に解はないことを次のように示す。

$m^n = n^m$ の両辺の対数をとり，さらに両辺を $mn(\neq 0)$ で割ると，$f(m) = f(n)$ となる。(1) のグラフの概形から，$1 < m < e < n$，また $e = 2.718\cdots$ であるから，$(m, n) = (2, 4)$ 以外の解はない。

(3) (1) より，$e\pi f(e) > e\pi f(\pi)$ である。よって，$e^\pi > \pi^e$ を得る。

(4) 曲線 C 上の点 $(a, f(a))$ における接線の方程式は

$$y = \frac{1 - \log a}{a^2}(x - a) + \frac{\log a}{a} = \frac{1 - \log a}{a^2}x + \frac{2\log a - 1}{a}$$

これが原点を通るとすると，$\dfrac{2\log a - 1}{a} = 0$ より，$a = \sqrt{e}$ となる。これを代入して，接線 l の方程式は

$$y = \frac{1}{2e}x$$

求める面積を S とすると

$$S = \frac{1}{2}\sqrt{e}\frac{\log\sqrt{e}}{\sqrt{e}} - \int_1^{\sqrt{e}} \frac{\log x}{x}dx$$

第 2 項は $\log x = t$ とおくと，$dt = \dfrac{dt}{dx}dx = \dfrac{dx}{x}$ より

$$S = \frac{1}{4} - \int_0^{\frac{1}{2}} t\,dt = \frac{1}{4} - \left[\frac{t^2}{2}\right]_0^{\frac{1}{2}} = \frac{1}{8}$$

【4】(1) 加速度は速度の時間微分であるから，$v'(t)$ と書ける。運動方程式は，$mv'(t) = F$ であり，題意により $F = mg - kv(t)$ である（下向きを正と

した)。

よって，求める運動方程式は

$$m\frac{dv}{dt} = mg - kv$$

である。

(2) (1) の微分方程式を

$$m\frac{d}{dt}\left(v - \frac{mg}{k}\right) = -k\left(v - \frac{mg}{k}\right)$$

と書きなおすと

$$v - \frac{mg}{k} = Ke^{-\frac{k}{m}t}$$

と解ける。$t = 0$ で $v = 0$ を代入して，$K = -\frac{mg}{k}$ を得る。よって

$$v = \frac{mg}{k}\left(1 - e^{-\frac{k}{m}t}\right)$$

となる。なお，グラフは**解図 4.2** のようになる。

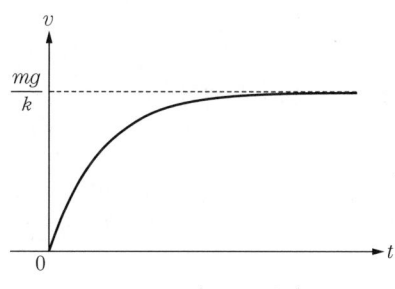

解図 4.2 $v = \frac{mg}{k}\left(1 - e^{-\frac{k}{m}t}\right)$ のグラフ

★5章

【1】(1) 練習 5.1 の結果を用いるか，練習 5.2 を逆に解いて

$$f_x = f_r \cos\theta - f_\theta \frac{\sin\theta}{r}, \quad f_y = f_r \sin\theta + f_\theta \frac{\cos\theta}{r} \qquad (解\ 5.2)$$

よって

$$\left(\frac{\partial f}{\partial x}\right)^2 + \left(\frac{\partial f}{\partial y}\right)^2 = \left(f_r \cos\theta - f_\theta \frac{\sin\theta}{r}\right)^2 + \left(f_r \sin\theta + f_\theta \frac{\cos\theta}{r}\right)^2$$

$$= f_r^2 + \frac{f_\theta^2}{r^2} = \left(\frac{\partial f}{\partial r}\right)^2 + \frac{1}{r^2}\left(\frac{\partial f}{\partial \theta}\right)^2$$

である。

(2) 式 (解 5.2) で，f に f_x や f_y を代入して

$$\frac{\partial f_x}{\partial x} = \frac{\partial}{\partial r}\left(f_r\cos\theta - f_\theta\frac{\sin\theta}{r}\right)\cos\theta - \frac{\partial}{\partial \theta}\left(f_r\cos\theta - f_\theta\frac{\sin\theta}{r}\right)\frac{\sin\theta}{r}$$

$$= f_{rr}\cos^2\theta - f_{r\theta}\frac{\sin\theta\cos\theta}{r} + f_\theta\frac{\sin\theta\cos\theta}{r^2} - f_{r\theta}\frac{\sin\theta\cos\theta}{r}$$

$$+ f_r\frac{\sin^2\theta}{r} + f_{\theta\theta}\frac{\sin^2\theta}{r^2} + f_\theta\frac{\sin\theta\cos\theta}{r^2}$$

$$\frac{\partial f_y}{\partial y} = \frac{\partial}{\partial r}\left(f_r\sin\theta + f_\theta\frac{\cos\theta}{r}\right)\sin\theta + \frac{\partial}{\partial \theta}\left(f_r\sin\theta + f_\theta\frac{\cos\theta}{r}\right)\frac{\cos\theta}{r}$$

$$= f_{rr}\sin^2\theta + f_{r\theta}\frac{\sin\theta\cos\theta}{r} - f_\theta\frac{\sin\theta\cos\theta}{r^2} + f_{r\theta}\frac{\sin\theta\cos\theta}{r}$$

$$+ f_r\frac{\cos^2\theta}{r} + f_{\theta\theta}\frac{\cos^2\theta}{r^2} - f_\theta\frac{\sin\theta\cos\theta}{r^2}$$

よって

$$\frac{\partial^2 f}{\partial x^2} + \frac{\partial^2 f}{\partial y^2} = \frac{\partial^2 f}{\partial r^2} + \frac{1}{r}\frac{\partial f}{\partial r} + \frac{1}{r^2}\frac{\partial^2 f}{\partial \theta^2}$$

を得る。

【2】(1) $g_y = \dfrac{2y}{9}$ より，点 $(\pm 2, 0)$ 以外の点では $g_y \neq 0$ となる。よって，陰関数の定理により，$y = h(x)$ の形に陽に解ける。実際，$y > 0$ のとき，$y = 3\sqrt{1 - \dfrac{x^2}{4}}$, $y < 0$ のとき，$y = -3\sqrt{1 - \dfrac{x^2}{4}}$ と解ける。

(2) $g_x = \dfrac{x}{2}$, $f_x = y$, $f_y = x$ より，極値を与える点 (x, y) ではラグランジュの未定係数法を用いて

$$\frac{x^2}{4} + \frac{y^2}{9} - 1 = 0, \quad y = \lambda\frac{x}{2}, \quad x = \lambda\frac{2y}{9}$$

が成り立つ。第 2, 3 式により

$$xy = \frac{\lambda^2}{9}xy$$

これより，$xy = 0$ または $\lambda^2 = 9$ となる。前者は，例えば $x = 0$ とおくと第 2 式より $y = 0$ となって，第 1 式に矛盾する。$y = 0$ とおいても同様である。よって，$\lambda = \pm 3$, すなわち，$y = \pm\dfrac{3}{2}x$ が成り立つから，$\left(\pm\sqrt{2}, \pm\dfrac{3}{\sqrt{2}}\right)$ で極大値 3 を，$\left(\pm\sqrt{2}, \mp\dfrac{3}{\sqrt{2}}\right)$ で極小値 -3 をとる。

【3】(1) $x = 0, \pi$ で $\sin x = 0$ より，被積分関数 $f(x) = \log \sin x$ は発散する．$0 < a < 1$ に対して

$$\lim_{x \to +0} x^a \log \sin x = \lim_{x \to +0} x^a \left(\log x + \log \frac{\sin x}{x} \right) = 0$$

より，十分小さい正数 x に対して，ある定数 $M > 0$ を用いて，$|f(x)| \leq Mx^{-a}$ と書ける．また，$f(\pi - x) = f(x)$ なので，$\pi - x$ が十分小さい正数のとき，$|f(\pi - x)| \leq M(\pi - x)^{-a}$ である．よって，第 4 章の章末問題【1】(1) より，$f(x)$ は区間 $[0, \pi]$ 上広義積分可能である．

広義積分の値を求めるには，まず

$$I = \int_0^\pi \log \sin x \, dx = \int_0^{\frac{\pi}{2}} \log \sin x \, dx + \int_{\frac{\pi}{2}}^\pi \log \sin x \, dx$$
$$= \int_0^{\frac{\pi}{2}} \log \sin x \, dx + \int_0^{\frac{\pi}{2}} \log \cos y \, dy \qquad (解 5.3)$$

に注意する．最後の等式は $x = y + \frac{\pi}{2}$ と変数変換することにより得られる．次に $x = 2t$ とおくと，$dx = 2dt$，積分区間が $\left[0, \frac{\pi}{2}\right]$ となるから

$$I = \int_0^{\frac{\pi}{2}} \log \sin 2t \cdot 2 dt = 2 \int_0^{\frac{\pi}{2}} \log(2 \sin t \cos t) dt$$
$$= 2 \int_0^{\frac{\pi}{2}} (\log 2 + \log \sin x + \log \cos x) dx = \pi \log 2 + 2I \qquad (解 5.4)$$

となる．ここで，最後の等式で (解 5.3) を用いた．(解 5.4) を解いて，$I = -\pi \log 2$ を得る．

(2) まず $a > 1$ として，$g(x, a) = \log(a + \cos x)$，および $g_a(x, a) = \dfrac{1}{a + \cos x}$ は連続であるから

$$I'(a) = \int_0^\pi \frac{dx}{a + \cos x}$$

となる．この積分は，第 3 章の章末問題【2】(5) と同様の変換公式より

$$I'(a) = \int_0^{+\infty} \frac{\frac{2dt}{1+t^2}}{a + \frac{1-t^2}{1+t^2}} = \int_0^{+\infty} \frac{2dt}{(a+1) + (a-1)t^2}$$
$$= \lim_{b \to +\infty} \left[\frac{2}{a-1} \sqrt{\frac{a-1}{a+1}} \tan^{-1} \sqrt{\frac{a-1}{a+1}} t \right]_0^b$$
$$= \frac{\pi}{\sqrt{a^2 - 1}}$$

となる。表 3.1(6) より

$$I(a) = \pi \log(a + \sqrt{a^2 - 1}) + C \quad (a > 1) \qquad (\text{解 } 5.5)$$

となる。$a = 1$ のとき

$$\begin{aligned}
I(1) &= \int_0^\pi \log(1 + \cos x)dx = \int_0^\pi \log\left(2\cos^2 \frac{x}{2}\right) dx \\
&= \int_0^\pi \left(\log 2 + 2\log \cos \frac{x}{2}\right) dx \\
&= \pi \log 2 + 2\int_0^{\frac{\pi}{2}} (\log \cos t + \log \cos t)dt \\
&= \pi \log 2 + 2\int_0^{\frac{\pi}{2}} \log \sin s \, ds + 2\int_0^{\frac{\pi}{2}} \log \cos t \, dt \\
&= -\pi \log 2 \qquad (\text{解 } 5.6)
\end{aligned}$$

ここで、$\log \cos t$ の積分の一つに $s = \frac{\pi}{2} - t$ の変換を施し、最後の等式では (1) の結果を用いた。式 (解 5.5) に式 (解 5.6) を代入して、$C = -\pi \log 2$ となる。よって、$I(a) = \pi \log\left(\dfrac{a + \sqrt{a^2 - 1}}{2}\right)$ を得る。

【4】 題意の領域は $\left\{(x, y, z) \mid x^2 + y^2 - \dfrac{3}{4} \leqq z \leqq x\right\}$ である。

$x^2 + y^2 - \dfrac{3}{4} \leqq x$ を変形して、$\left(x - \dfrac{1}{2}\right)^2 + y^2 \leqq 1$ である。これは、点 $\left(\dfrac{1}{2}, 0\right)$ を中心とし、半径 1 の円の内部および周上 (これを D とおく) である。

$$\begin{cases} x - \dfrac{1}{2} = r \cos \theta \\ y = r \sin \theta \end{cases}$$

と変換すると、$\dfrac{\partial(x, y)}{\partial(r, \theta)} = r$ となる。よって、求める体積は

$$\begin{aligned}
V &= \iint_D \left\{x - \left(x^2 + y^2 - \frac{3}{4}\right)\right\} dxdy \\
&= \iint_D \left\{1 - \left[\left(x - \frac{1}{2}\right)^2 + y^2\right]\right\} dxdy \\
&= \int_0^{2\pi} d\theta \left(\int_0^1 (1 - r^2)r \, dr\right) \\
&= 2\pi \left[\frac{r^2}{2} - \frac{r^4}{4}\right]_0^1 = \frac{\pi}{2}
\end{aligned}$$

を得る。

索　引

【あ】
アルキメデス　　　　53, 80
鞍　点　　　　　　　119

【い】
陰関数の定理　　　　122

【え】
n 次剰余項　　　　92, 117

【お】
オイラーの関係式　　108

【か】
過剰和　　　　　　　58
加法定理　　　　　　11
関　数　　　　　　　vi

【き】
帰納法　　　　　　　1
逆関数　　　　　　　15
　――の微分法　　　46
逆三角関数　　15, 16, 48
逆正弦関数　　　　　15
逆正接関数　　　　　16
逆余弦関数　　　　　16
極座標変換　　110, 113, 133
極　小　　　　　　　82
曲　線　　　31, 53, 57, 121
極　大　　　　　　　82
極　値　　　　　　　83
極値点　　　　　　　83

【く】
区分求積法　　　　　53

【け】
結節点　　　　　　　123
元　　　　　　　　　vi
原始関数　　　　　　61

【こ】
高階導関数　　　　　90
高階偏導関数　　　　114
広義積分　　　　98, 129
合成関数の微分法　44, 112
孤立点　　　　　　　123

【さ】
三角関数の不定積分　74

【し】
C^n 級　　　　　91, 114
指数関数　　　　　　19
写　像　　　　　　　vi
収　束　　23, 26, 29, 58, 100, 109
初等関数　　　　　38, 69

【せ】
正弦関数　　　　　　8
正接関数　　　　　　8
積分形　　　　　　　102
積分定数　　　　　　62
積分変換公式　　66, 132
漸化式　　　　7, 71, 79

【た】
対数関数　　　　　　19
対数微分法　　　　　49
体　積　　　　　　　127
ダルブー和　　　　　57
単調関数の可積分性　59
単調減少列　　　　　26
単調増加列　　　　　26

【ち】
中間値の定理　　　　81

【て】
定数変化法　　　　　104
定積分　　　　57, 64, 127
底の変換公式　　　　20
テイラー展開　　93, 117
テイラーの定理　92, 116
停留点　　　　118, 121

【と】
導関数　　　　　　　38
特異点　　　　　　　121

【な】
ナポレオンの定理　　15

【に】
二項定理　　　　3, 27, 38
二次無理関数の不定積分　76
2 重積分　　　　　　127
ニュートン法　　　　51

【ね】

ネイピアの数　　　　　　28

【は】

背理法　　　　　　　　　1
はさみうちの原理　　24, 30
発　散　　　　23, 29, 109
パラメータを含む積分　131

【ひ】

左極限　　　　　　　　30
微分係数　　　　　　　37
微分積分学の基本定理　62
微分方程式　　　　　102

【ふ】

不足和　　　　　　　　58
不定積分　　　　　　　62
部分積分公式　　　　　67
部分分数展開　　　　　69

【へ】

平均値の定理　　　84, 115
ペル方程式　　　　　　6
変数分離形　　　　　102
偏導関数　　　　　　111

【み】

右極限　　　　　　　　29
未定係数法　　　　　125

【め】

面　積　　　　　　53, 57
面積関数　　　　　　　63

【や】

ヤコビ行列式　　　　133

【ゆ】

有　界　　　　　　　25

【よ】

余弦関数　　　　　　　8

【ら】

ラマヌジャン　　　　52

【り】

リーマン積分　　　　57

【る】

累次積分　　　　　128

【れ】

連分数表示　　　　　5

【ろ】

ロピタルの定理　　87, 88
ロールの定理　　　　83

―― 著者略歴 ――

1988年	東京大学理学部物理学科卒業
1993年	東京大学大学院理学系研究科博士課程修了（物理学専攻）
	博士（理学）
1993年～98年	京都大学数理解析研究所研修員（日本学術振興会特別研究員）
1994年～95年	メルボルン大学数学科 Research Fellow (Level A)
1998年	鈴鹿医療科学大学講師（数学担当）
2005年	鈴鹿医療科学大学助教授
2006年	鈴鹿医療科学大学教授
	現在に至る

基礎からの微分積分
Basic Calculus　　　　　　　　　　　　　　　　Ⓒ Yasuhiro Kuwano 2014

2014 年 3 月 28 日　初版第 1 刷発行
2024 年 12 月 10 日　初版第 5 刷発行

検印省略

著　者　　桑　野　泰　宏
発行者　　株式会社　コロナ社
　　　　　代表者　牛来真也
印刷所　　三美印刷株式会社
製本所　　有限会社　愛千製本所

112-0011 東京都文京区千石 4-46-10
発行所　株式会社 コロナ社
CORONA PUBLISHING CO., LTD.
Tokyo Japan
振替 00140-8-14844・電話(03)3941-3131(代)
ホームページ　https://www.coronasha.co.jp

ISBN 978-4-339-06105-5　C3041　Printed in Japan　　　　　（松岡）

〈出版者著作権管理機構 委託出版物〉
本書の無断複製は著作権法上での例外を除き禁じられています。複製される場合は，そのつど事前に，出版者著作権管理機構（電話 03-5244-5088，FAX 03-5244-5089，e-mail: info@jcopy.or.jp）の許諾を得てください。

本書のコピー，スキャン，デジタル化等の無断複製・転載は著作権法上での例外を除き禁じられています。
購入者以外の第三者による本書の電子データ化及び電子書籍化は，いかなる場合も認めていません。
落丁・乱丁はお取替えいたします。

技術英語・学術論文書き方，プレゼンテーション関連書籍

プレゼン基本の基本 —心理学者が提案するプレゼンリテラシー—
下野孝一・吉田竜彦 共著／A5／128頁／本体1,800円／並製

まちがいだらけの文書から卒業しよう —基本はここだ！— 工学系卒論の書き方
別府俊幸・渡辺賢治 共著／A5／200頁／本体2,600円／並製

理工系の技術文書作成ガイド
白井 宏 著／A5／136頁／本体1,700円／並製

ネイティブスピーカーも納得する技術英語表現
福岡俊道・Matthew Rooks 共著／A5／240頁／本体3,100円／並製

科学英語の書き方とプレゼンテーション（増補）
日本機械学会 編／石田幸男 編著／A5／208頁／本体2,300円／並製

続 科学英語の書き方とプレゼンテーション —スライド・スピーチ・メールの実際—
日本機械学会 編／石田幸男 編著／A5／176頁／本体2,200円／並製

マスターしておきたい 技術英語の基本 —決定版—
Richard Cowell・佘 錦華 共著／A5／220頁／本体2,500円／並製

いざ国際舞台へ！ 理工系英語論文と口頭発表の実際
富山真知子・富山 健 共著／A5／176頁／本体2,200円／並製

科学技術英語論文の徹底添削 —ライティングレベルに対応した添削指導—
絹川麻理・塚本真也 共著／A5／200頁／本体2,400円／並製

技術レポート作成と発表の基礎技法（改訂版）
野中謙一郎・渡邉力夫・島野健仁郎・京相雅樹・白木尚人 共著
A5／166頁／本体2,000円／並製

知的な科学・技術文章の書き方 —実験リポート作成から学術論文構築まで—
中島利勝・塚本真也 共著
A5／244頁／本体1,900円／並製
日本工学教育協会賞（著作賞）受賞

知的な科学・技術文章の徹底演習
塚本真也 著
A5／206頁／本体1,800円／並製
工学教育賞（日本工学教育協会）受賞

定価は本体価格+税です。
定価は変更されることがありますのでご了承下さい。

図書目録進呈◆